CRIADO

IMPRESSIONS DE VOYAGE D'UN CLERC DE NOTAIRE EN ESPAGNE

PAR

JULES GARMIER

> S'il y a des hommes chez qui le ridicule n'ait jamais paru, c'est qu'ils l'ont bien caché.

GRENOBLE

IMPRIMERIE DE F. ALLIER PÈRE & FILS

GRANDE-RUE, 8

1878

CRIADO

Impressions de Voyage d'un Clerc de notaire en Espagne.

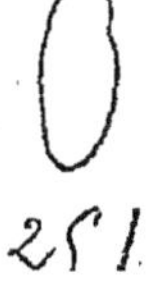

CRIADO

IMPRESSIONS DE VOYAGE D'UN CLERC DE NOTAIRE

EN ESPAGNE

PAR

Jules GARMIER

S'il y a des hommes chez qui
le ridicule n'ait jamais paru,
c'est qu'ils l'ont bien caché.

GRENOBLE
IMPRIMERIE ET LITHOGRAPHIE F. ALLIER PÈRE ET FILS
Grande-Rue, 8, cour de Chaulnes

1878

A Jules Ballas.

Mon cher Ami,

Te souviens-tu, aux heures inoccupées, de ces inconnus, Paul Saint-Egrève et Dominique Forfer, que nous avons rencontrés à notre arrivée à cheval des Eaux-Bonnes à Cauterets, par un beau soir d'été? Que de parties de plaisir courues avec eux, les jours suivants, au lac de Gaube, à Gavarnie, Baréges, et autres sites! Saint-Egrève nous faisait des récits de voyages, Forfer les soulignait de rires éclatants, Ballas les encadrait de romances chantées d'une voix superbe, et Garmier, songeur, les écoutait.

— Mes amis, nous dit Saint-Egrève une nuit qu'à l'auberge de la Hourque des cinq Ours, *nous attendions l'aube pour monter au sommet du* Pic du Midi de Bigorre, *je vais vous raconter un séjour de Forfer et de moi en Espagne.* . . . . . .

. . . .

Bien des années après notre excursion au Pic du Midi, je crus découvrir dans le récit de Saint-Egrève les éléments d'une Etude, oubliée ou négligée par les auteurs dramatiques et les romanciers, sur le cœur humain. Si une telle Etude était traitée, sa singularité serait donc d'être, avant tout, une nouveauté en littérature.

Je demandai des renseignements à mes amis, je pris des notes sous la dictée de Saint-Egrève, coordonnai le tout, et, finalement, l'hiver dernier j'écrivis à ton intention les pages que voici. Elles te rappelleront des jours regrettés, ainsi que nos chers compagnons des Pyrénées, si aimables et si gais. Légers de corps et de caractère, ils n'ont pas pesé beaucoup sur la terre : maintenant la terre pèse sur eux.

Avril 1878.

J. GARMIER.

Cher Monsieur Garmier,

J'ai lu votre Criado *page à page, ligne à ligne et de la première à la dernière, avec une attention grandissant à chaque chapitre, car à chacun d'eux l'intérêt s'accroît aussi.*

Je vous retourne votre manuscrit, en prédisant à cette œuvre un succès certain, et ce succès sera bien mérité.

C'est, en effet, une Etude d'autant plus attrayante que l'idée en est toute nouvelle, d'un fils de famille clerc de notaire qui, écœuré par les papiers timbrés et le terre-à-terre du tabellionat, emporté à la fois par ses vingt ans et la « Folle du logis, » se croit très sérieusement destiné à toutes les grandesses, à tous les éblouissements de l'or et des honneurs.

De par ses ondoyants desseins, sa première étape dans cette voie mirifique devait être l'Espagne.

Il part en Don Quichotte, le front haut, superbe, surchargé d'orgueil ; rien n'est trop haut pour son ambition : il doit monter, monter sans cesse vers les sommets les plus élevés de la fortune et des grandeurs.

Hélas ! par suite des réalismes, des nécessités de la vie matérielle, le Don Quichotte se transforme en Gil-Blas, en Gil-Blas lettré. Placé un jour entre ces trois seuils, — la Faim, la Bohême avec toutes ses conséquences presque fatalement inévitables à certaines heures de complet affaissement, et. . . . la position la plus humble, celle qui exige le caractère le moins altier, — votre héros franchit résolûment, avec une véritable noblesse d'âme, ce si modeste seuil.

Pour rester honorable quand même, ce nouveau Gil-Blas se résout à....... ce que le lecteur verra.

Il y a là un enseignement d'une portée à la fois haute et pure.

Mais ce n'est pas, certes, sans de violents, de longs combats, qu'il force son incommensurable orgueil à subir enfin le joug d'une Raison qui, quoique encore rudimentaire, arrive à dompter un candidat à trônes, à Potosis, et qui, au pis-aller, rêvait d'Olivarès ou de Ruy-Blas. Il y parvient, et, de cette chute qui au fond élève votre Criado, *ressort, je le répète, un très haut enseignement.*

Le deuxième chapitre, où la lutte entre le Rêve et le Réalisme est si finement dépeinte, est tout simplement un chef-d'œuvre de psychologie humaine.

Et tant d'autres chapitres des plus attrayants : tels, par exemple, le voyage de Madrid à Salamanque, l'Idylle avec cette fruste Catalina à qui un sentiment vrai donne un langage si suave, seront trouvés par vos futurs lecteurs ce que je les ai trouvés moi-même, c'est-à-dire charmants et de fraîcheurs printanières.

Votre œuvre, cher Monsieur Garmier, est loin d'être un roman : c'est une très curieuse Etude de certains coins de notre cœur ; c'est, surtout et avant tout, une œuvre saine, de laquelle lectrice comme lecteur vous garderont, comme moi, gratitude et bon souvenir.

En prédisant de nouveau grand succès à votre Gil-Blas français, je vous serre, cher Monsieur, et très cordialement, les deux mains.

Grenoble, 10 juin 1878.

B. NICOLLET,
Publiciste.

D'ORLÉANS A MADRID

I

A l'époque où commençait cette histoire, les aventures récentes du comte de Raousset-Boulbon captivaient les intelligences généreuses, attristées par sa fin tragique, et la Renommée portait son nom aux échos du monde entier.

Je comptais parmi les plus enthousiastes, non-seulement de sa vie, mais de sa mort héroïque. Doué d'un tempérament vif et d'une âme ardente, né avec le goût des exercices violents et avec une tendance continuelle à vouloir édifier sur l'imprévu une destinée glorieuse ou originale, je ne rêvais que voyages, conquêtes et combats. Aujourd'hui je prenais la Sonora, demain c'était le Mexique tout entier. Chaque nuit j'élaborais une entreprise nouvelle et colossale.

Que faisais-je alors?

Des expéditions, ni guerrières, ni maritimes: des expéditions..... d'actes de notaire; je consumais mes beaux jours à copier, durant huit heures d'horloge, des phrases comme suit:

« Il a été procédé à tout ce que dessus, depuis la
« dite heure de neuf du matin jusqu'à celle de six du

« soir, par triple vacation, sans désemparer, pour « accélérer. »

Je touchais vingt-cinq francs par mois, depuis deux ans, à Orléans, pour procéder à ladite besogne. On comprend qu'avec ces appointements de décrotteur et une tête organisée comme la mienne, je n'accélerais pas mon travail et désemparais souvent.

Comme j'étais mécontent de mes appointements et de ma jeunesse désœuvrée! comme j'étais écœuré du séjour muré que m'imposait l'autorité paternelle! Réfractaire aux promesses d'une carrière qui enfermait sous ses formules rigides de nobles passions non satisfaites, je fulminais contre la société, dont elle est un des rouages, les insultes que je supposais les plus mortifiantes; je la trouvais plate, commune, mesquine, vide, inutile, misérable. Mes aspirations montaient hors de ce vilain monde, comme une prière vers le soleil et la lune, auxquels je demandais de m'éclairer d'autres terres, d'autres cieux, d'autres horizons. Des pensées de haut vol, libres d'attaches avec les soucis pesants des affaires, emportaient mon âme sur les sommets de l'Idéal, d'où elle retombait tristement dans les marécages de la vie positive.

Études de notaires, prisons! disais-je au bureau et le long des rues. Produits d'une civilisation sans foi, sinon sans lois, si la loyauté régnait parmi les hommes, vous ne seriez pas! Cela me dégoûte de l'humanité. N'est-il pas insensé de passer son temps accroupi du matin au soir à perdre sa vue, à laisser moisir son imagination, à casser sa poitrine, à ankyloser ses membres, à détériorer enfin son individu physique et moral, tandis que Dieu a brodé de paysages les quatre coins du globe, pour les donner en spectacle à l'homme reconnaissant et glorifiant l'auteur dans son ouvrage? Ah! malheur! Le détenu qui n'est pas résigné, le proscrit séparé des siens, la carmélite derrière les murs de son cloître et languissant du divin amour, ne souhaitent pas plus ardemment leur délivrance que moi la mienne.

Tout arrive, même ce que l'on désire. Un de mes collègues à l'étude Tibert prit des leçons d'espagnol. Je ne sais plus par quelle succession d'idées, ce fut pour moi comme un rayon de soleil qui dissipe un brouillard; ma voie était trouvée. Pour conquérir le Mexique, il fallait bien savoir la langue castillane.

Assurément la conquête du Mexique n'était qu'un contingent raisonnable de la masse des projets qui tourbillonnaient dans mon crâne en ébullition constante. Mon désir pressant était de m'éloigner de mon travail et de mon pays, de voir, de voyager, de changer la forme de mes journées.

Je pris quinze leçons de langue espagnole; mes progrès furent rapides; je lisais couramment *Gil-Blas*. Mais l'on verra que lire une langue et la parler c'est deux, et la comprendre c'est trois.

M. Cosmès, mon professeur, ne pouvant modérer mon impatience, me dit :

— Voulez-vous aller à Madrid? ma femme vous donnera une lettre pour une dame de ses amies, sœur du confesseur de la Reine; avec l'appui de cette protection puissante, je ne doute pas que vous n'arriviez à vous créer une position en Espagne.

J'acceptai avec reconnaissance, et je m'occupai de mon départ.

II

Mes collègues me donnèrent un dîner d'adieu chez un restaurateur de la rue de la Bretonnerie : trois francs par tête, vin d'extra : Saint-Jean-de-Braye, à un franc la bouteille. A cet époque fabuleuse de vie à bon marché, un festin pareil n'était à dédaigner par personne, encore moins par des clercs de notaire déjeunant de charcuterie à l'étude et dînant d'arlequins au restaurant, qui se l'offraient de temps en temps, et qui, s'ils en avaient mal aux cheveux le lendemain, se régalaient ensuite, pendant quinze jours consécutifs, du plaisir d'en raconter les voluptés bachiques.

Nous étions quatre convives ; mon départ et mon retour furent les thèmes sur lesquels chacun composa des variations.

— Décidément vous partez, dit Gabert ; la perte est grande pour vos amis, et petite pour le notariat ; l'on peut dire de lui à votre sujet : qui perd, gagne. Vous étiez un bon compagnon à la ville, mais un cancre à l'étude.

— Cancre à l'étude, lion dans la montagne! Vous entendrez parler de mes prouesses, et vous me reconnaîtrez à mes actes : rien du notariat. Les clercs sérieux qui me conspuent par votre organe, quelque jour diront de moi avec orgueil : Il a été des nôtres.

— Que pensez-vous donc trouver à l'étranger de si supérieur à nos emplois? Il y a apparence que vous aurez, comme nous, vos heures de travail et de repos, vos journées réglées.

— Vous me faites pitié avec vos idées étroites, votre goût des paperasses, votre existence de collége continuée sous un maître ou patron, avec lequel vous rusez comme des écoliers que vous êtes, heureux d'une heure de congé qu'il veut bien vous accorder par surcroît, mécontents mais soumis s'il vous retient à l'étude plus longtemps qu'à l'ordinaire. A vous les corvées et la servitude déguisée, à moi l'indépendance et la gloire!

— Enfin, qu'espérez-vous? s'écria Litaud.

— Conquérir le Mexique, parbleu!

Des rires de barbares ébranlèrent les vitres du restaurant.

— Il va bien, l'intrigant! reprit Litaud après que l'accès fut un peu calmé.

— Vous en doutez? m'écriai-je.

— Il me demande si j'en doute!

Je relevai le toupet de mes cheveux en coup-de-vent, et, les yeux dans le vide, je parlai ainsi :

— Écoutez mon épopée future. Je vais en Espagne. Je mets une année à la parcourir, afin de me familiariser avec sa langue, sa civilisation et ses mœurs, lesquelles régissent le Mexique. Ensuite je prends le chemin de la Californie. Là, je rassemble dans ma forte main les éléments épars de la nationalité française, j'en forme un noyau de dix à douze mille hommes façonnés à la guerre et prêts à toutes les aventures, et, reprenant le projet agrandi de Raousset-Boulbon, je lance mes Français sur le Mexique épuisé, et je le réduis en moins de trois ans.

— Pan, sur la gueule à Bertrand!

— Et vous, Monsieur le sceptique, dans quatre ans à la date de ce jour, comme écrivent les clercs de notaire, lorsque vous aurez lu dans les gazettes des décrets signé Saint-Egrève, président de la République ou chef du Pouvoir exécutif, vous m'adresserez sur du papier ministre cette humble épître, ou à peu près :

« MONSEIGNEUR,

« Si vous daignez vous souvenir que vous étiez, il y « a quelques années, le meilleur clerc de l'étude « Tibert, je rappelle à Votre Excellence que je fus son « indigne collaborateur et que je mets à vos pieds mon « dévouement et ma vie,

« Avec lesquels j'ai l'honneur d'être,

« de Votre Excellence,

« Monseigneur. »

— Bien! approuva Rave.

— Qui dit flatteur, dit pêcheur d'hommes. Vous réussirez : je vous autorise à brûler dès à présent de l'encens sous mon nez. Messieurs, tournez-vous vers moi, je suis un soleil levant, et je me souviendrai de vous ; je me souviendrai, Litaud, que vous êtes gourmand, joueur et débauché, avec peu d'espoir de vous voir amender ; ce ne sera pas trop d'un galion chargé d'or provenant des mines d'Arizona en Sonora, que je vous enverrai, pour satisfaire ces vices si vilains et si coûteux.

— Que me donnerez-vous à moi? interrogea Gabert.

— Vous, mon beau ténébreux, mon poète, vous serez historiographe en titre ; vous chanterez, en vous accompagnant sur la lyre à trois cordes, les hauts faits de mon existence guerrière, et les sujets d'épopée ne vous manqueront pas. Entre temps, vous chasserez dans les forêts de l'État. Êtes-vous content?

— Pas encore.

— Vous doutez aussi, homme de peu de foi! Et vous, Rave, que désirez-vous? De même que Litaud met son dévouement à mes pieds, je mets aux vôtres toutes les hautes fonctions. Choisissez. Mais je vous préviens que si vous m'arrivez avec une mine de clerc en quête d'une charge notariale, ou de tout autre vivant de papier timbré, je vous fais administrer cent coups de bâton sous la plante des pieds ; c'est tout ce que vous recevrez de moi, car ma république sera établie sur le modèle de celle de Salente ; les affaires s'y feront avec une bonne foi antique, comme au temps de l'âge d'or. Alors quelle nécessité d'avoir des notaires, des avoués, des huissiers, des greffiers, cette séquelle qui gravite autour des lois?

— Blague sous le bras! interrompit Gabert, que comptez-vous faire en Espagne?

— Blague sous les deux bras, j'espère réussir. A quoi? je serais bien embarrassé de le dire; je suis content d'ailleurs de l'ignorer, parce que je puis laisser errer mon imagination sur tous les grands chemins de la célébrité et de la fortune. Mon père tient à ce que je sois notaire, et dans ce but il me fait une pension. Si je quitte le vestibule du notariat, son illusion, qui est respectable, et ma pension, qui ne l'est pas moins, vont s'en aller de compagnie. Mais cela m'est égal; j'ai foi en mon étoile; elle brille au ciel vert de l'Espérance. Une fois hors de cette galère où je vous abandonne, ô mes amis! je me ferai un sort, n'en doutez pas, à rendre jaloux les clercs de notaire et même leurs patrons.

III

Je pris juste le temps d'embrasser ma famille et de me faire étriller d'importance par mon père, moralement s'entend, et je partis pour Paris. J'en sortis un mois plus tard avec une quinzaine de lettres dont un négociant, ami de ma famille qui trouvait mince mon bagage de lettres de recommandation, avait rempli mes poches. Celles-là étaient adressées à des maisons de commerce de Madrid. J'avais trouvé à Paris et j'y laissai un de mes cousins, étudiant en droit, lequel, mis dans la confidence de mes vastes desseins, pour un peu m'aurait suivi. A la gare d'Orléans, après notre séparation, il me cria comme dernier adieu : Raousset-Boulbon! J'eus un mouvement du bras droit d'une énergie grandiose, et je lançai à l'étudiant un *Oui, n'a pas peur !* à donner la colique à un Mexicain s'il l'eût entendu.

Je n'ai retenu du souvenir de Bordeaux que des clartés jaunes produites par les becs de gaz coupées par des ombres noires, et le clapotement des eaux de la Gironde contre le pont. La plaine que je vis ensuite à la lumière du jour a laissé une autre trace dans mon esprit.

Les landes se partagent en deux zones tranchées : la lande proprement dite, et les bois de pins maritimes. La lande est une surface plane sur laquelle on croirait que le niveau a passé ; une étendue parsemée d'ajoncs, de genêts et d'autres plantes courtes et malingres, coupée çà et là par des marais et des flaques d'eau noirâtre, qui s'allonge et se perd dans l'ouverture bleue du ciel. Au-dessus d'elle il n'y a rien, que le disque du soleil décrivant sa parabole au milieu des déserts silencieux de l'éther : solitude superposée à la solitude. Le voyageur est stupéfait de toucher par les pieds le fond de la plaine et de dominer du front quarante lieues de bruyères et de fougères. S'il est riche d'une âme indépendante, cette immensité muette l'attirera comme la mer et les sommets de la terre, comme tout asile à perte de vue offert à qui veut jouir d'une liberté sans clôture.

Les propriétaires, esprits positifs, ont essayé d'entamer le sol du désert avec leurs charrues, mais les villages qu'ils ont créés, les champs qui les entourent, font l'effet, dans l'espace, de ces places à charbon que les charbonniers laissent après eux par les forêts. En réalité, la lande conserve le charme des retraites où le bruit du monde n'a jamais pénétré. Elle est, en France, le dernier grand refuge du silence que le berger à la suite de son troupeau ne parvient pas à troubler.

Ce pasteur démesurément grandi par ses échasses et qui se profile sur l'horizon sans être dominé par l'arbre et le coteau, semble monter de la terre aux étoiles. Dernier vestige de la vie pastorale au milieu de la civilisation la plus raffinée du globe, insouciant comme ses brebis, taciturne comme un être pensant qui n'a que lui pour confident et interlocuteur, libre comme l'oiseau dont il a les mœurs vagabondes, il parcourt avec l'indolence d'un roi fainéant l'énorme plaine.

Entrons dans la forêt aromatique. Les pins sont en pleine fermentation de sève ; de l'aubier de leurs troncs mis à nu d'un côté par la hache, des larmes blanches perlent comme des gouttes de sueur et coulent insensiblement dans des vases de terre suspendus au bas de chaque blessure. L'éclat du jour passe à travers les branches comme par une voûte à claire-voie ; leurs fines aiguilles criblent la lumière, et l'on marche pour ainsi dire sur une mosaïque faite d'ombres et de rayons. Il y a loin de cette transparence à l'ombre opaque du feuillage des chênes sous laquelle naquit la religion des Druides. Dans la clarté des *pignadas*, je ne ressens point l'*horreur sacrée des bois*, et je ne saurais y rêver des sacrifices humains sur un autel barbare. Idolâtre, je n'y chercherais pas l'horrible dieu celtique, mais les divinités les plus gracieuses du polythéisme grec, les nymphes timides et fuyantes des fontaines et des forêts.

De distance en distance on découvre une métairie blanche, des champs de maïs, un village, mais ce ne sont que clairières en l'épaisseur des bois. Je m'imagine que les indigènes sont d'anciens pasteurs de la lande fatigués de leurs habitudes d'échassiers et de la vue perpétuelle de l'infini; qu'ils ont l'un après l'autre pénétré dans ces abris, abattu des pins, construit une maison, défriché un peu de terrain, et perdu plus tard tout souvenir de leurs premières mœurs nomades. Comme leur existence est séparée du monde par des remparts de verdure, elle est intime, recluse, étouffée plus que celle des habitants des vallées, qui trouvent des échappées de vue latérales tandis qu'eux n'ont pour perspective que la profondeur du zénith. Chacun d'eux avec sa famille, sa métairie, sa terre et son troupeau, a son microcosme; le bout de son champ est pour lui le bout de l'univers. Point de bruits qui s'épanchent au dehors et forment avec les bruits voisins la rumeur du jour. Quelle paix érémitique dans ces cirques embaumés! Comme les devoirs doivent être simples au sein d'une société si peu compliquée! On croit traverser un paysage de l'âge d'or oublié par le temps en notre âge moins heureux.

Saint Vincent de Paul est né sur les confins de ce désert boisé, à une lieue au-dessus de Dax, tout près du chemin de fer. Il convient de se découvrir en passant devant le berceau du grand apôtre de la charité. Parmi les étoiles qui éclairent le ciel du monde moral, la sienne jette l'éclat le plus pur. Si les anciens l'avaient connu, ils lui auraient dressé des autels de son vivant; mais lui, qui pouvait prétendre aux premiers honneurs de l'Église, dédaigneux d'une vaine gloire, resta humble avec les petits et les faibles, les soignant, les consolant, implorant pour eux les heureux, fondant les trésors d'amour et de compassion où devaient puiser les sœurs de charité futures, donnant enfin l'exemple du plus grand cœur qui ait battu pour les déshérités.

IV

La ligne monotone des pins continue entremêlée de chênes-liége au feuillage terne et d'arbousiers aux feuilles vernies; partout où il y avait solution de continuité, j'apercevais à gauche, dans l'éloignement, les

Pyrénées bleuâtres à la bordure du ciel. Le chemin fait un coude, l'Adour paraît, puis Bayonne, verte, ombreuse, fraîche entre ses deux rivières et sur les collines qui les dominent, dans son enceinte de murs capitonnés de gazon.

Je n'ai pas vu à Bayonne de filles du peuple laides : c'est un privilége de la race et surtout de la coiffure ; elles portent autour de leur chignon un mouchoir si délicatement posé qu'il ôte aux traits la vulgarité. Cette coiffure donne le cachet de la distinction, elle agrandit l'empire charmant des physionomies piquantes et relevées ; elle impose à l'admiration du touriste une population entière de jolies femmes qui auraient passé sur la terre sans attirer le regard des hommes séduits par l'attrait de la beauté pure. Lorsque la mantille espagnole, le plus bel ornement féminin, et le mouchoir basque ou landais, seront déclarés rococos par la mode envahissante et dévergondée, l'Espagne aura perdu sa supériorité la plus aimable, le Midi de la France une réputation, le voyageur une poésie.

Un dimanche du mois de septembre, à deux heures du matin, je me dirigeai du côté de Saint-Sébastien dans une diligence de la Compagnie du Nord.

J'étais seul sur l'impériale, mais je n'accordai pas au repos les quelques heures qui me séparaient du jour et de l'Espagne. Je rirais longtemps de votre simplicité, si vous attribuiez l'absence de sommeil au désir naturel de gagner de l'argent, à l'espoir d'une position lucrative en Espagne : tout cela était le cadet de mes soucis ; mes réflexions, je l'affirme, n'étaient point celles d'un marchand de cochons se rendant à la foire.

Cependant la diligence roulait. Depuis un moment un bruit sourd, comme produit par des cascades lointaines, remplissait l'atmosphère. Nous traversions un pays vallonné, mais encore éloigné des montagnes. D'où me venait cette voix de la nature que je n'avais jamais entendue?

A Saint-Jean-de-Luz, j'entrevis vaguement dans l'obscurité une plaine noire et mouvante, zébrée de lueurs sinistres tombées des étoiles. La mer était devant moi.

Ce je ne sais quoi composé de visions et de rumeurs indistinctes, et l'attente du jour, tendirent au plus haut point ma fibre romanesque. Pour me servir d'une expression familière aux marins, *j'étais paré*.

A Béhobie, dernier village français, on atteint les Pyrénées, on rencontre la Bidassoa, et l'on est arrêté par un gendarme. La Bidassoa, torrent au-dessus du pont de Béhobie, dans les gorges voisines, et rivière au-dessous, descend de l'est à l'ouest, au milieu d'une petite plaine plantée de maïs gigantesques. Le gendarme descendait sans ennuis le fleuve de la vie, à en juger par ses joues fermes et rebondies.

Pendant qu'il lisait mon passeport, je considérai avec une émotion contenue cette Espagne objet de tous mes vœux. Dégagée en même temps de l'infini de mes songes et des ombres de la nuit, souriante, poétique à la clarté timide du jour naissant, elle me présentait, au pied des grands monts, une vallée triangulaire, parsemée de maisons blanches, déroulait les plis de ses coteaux verts et ombragés, et me montrait sur une colline isolée, comme spécimen de son génie décoratif, la ville altière mais ruinée de Fontarabie, en face du golfe de Gascogne, que je voyais fuir à l'occident estompé par la buée matinale, confondant ainsi dans le même souvenir mes premières impressions de l'Espagne et de la mer.

Nous franchissons la frontière, ligne imaginaire, démarcation réelle, comme le démontrent les costumes des sentinelles française et espagnole placées à chaque bout du pont.

Près du pont, devant une maison servant de poste, des fantassins en veste jaune-serin étaient occupés à nettoyer des armes. Tiens! fis-je en les regardant, si je faisais aussi l'inspection de ma langue étrangère, si délaissée depuis mon départ d'Orléans! Je crains bien qu'elle ne soit rouillée; pourtant j'en ai plus besoin présentement que ces militaires n'ont besoin de leurs sabres. Voyons! un petit examen: ces soldats s'appellent des *soldados*, les Pyrénées sont une *sierra* (chaîne de montagnes). Le pont de Béhobie est un *puente*, la Bidassoa un *rio* (rivière), Béhobie un *pueblo*. Allons, cela va tout seul, je suis armé. En avant, marche!

Le Guipuzcoa, où nous venons d'entrer, est une des trois provinces basques espagnoles. Qu'il soit français ou espagnol, le peuple basque est, en France et en Espagne, identique à lui-même. La femme a la distinction dans la beauté; l'homme, la souplesse dans la force.

Physiquement, il est au Germain ce qu'un coursier arabe est à un cheval de labour; et si les meilleurs étalons de l'Orient sont prétendus être issus de la jument du prophète, les montagnards des côtes de la mer de Biscaye peuvent dire qu'ils sont sortis de la cuisse de Jupiter, car, antérieurs aux Celtes, leur origine se perd dans les nuages de la fable. Moralement, jamais race aussi homogène, venue d'aussi loin, ne donne au monde contemporain un modèle aussi parfait des vertus démocratiques: la fierté sans morgue, le bien-être sans luxe levain de tant de mauvaises passions, la liberté réfrénée par des mœurs pures, un fond de gaîté sobre. Au sein de ses riches vallées fécondées par le travail, cet admirable petit peuple a trouvé le secret du bonheur. Ce secret, une vertu des plus difficiles à conserver le contient tout entier : c'est la tempérance, dans la plus haute acception du mot.

Les Basques parlent une langue étonnante, de métal pur, sans alliage avec les idiomes des deux puissants États qui enserrent leur pays et sans rapport avec aucun dialecte connu, une langue si difficile à apprendre que le diable lui-même, après avoir séjourné, dit-on, sept ans chez eux, s'en retourna furieux, ignorant comme devant.

A l'entrée d'Irun, c'est la douane; on déchargea tous les colis.

Un homme petit et gros, vêtu en douanier, m'exhiba le visage le plus laid et le plus grotesque qu'il m'ait été donné de voir sur la terre espagnole: un nez énorme et difforme, une bouche fendue comme celle d'une morue, des sillons, des coutures et des trous par toute la figure ; avec cela, l'air bon. Tel était l'homme.

Il me parla ; j'écoutais cette belle langue harmonieuse, mais, étonné, je ne compris pas : je l'informai de ce contre-temps en son idiome ; étonné à son tour, il me dit *no entiendo* (je ne comprends pas).

— Vous dites? repris-je.

— Abra vm su baul (ouvrez votre malle).

— No entiendo.

— Dice vm? (vous dites?)

— No entiendo.

Je ne comprenais pas un mot de son espagnol, il ne comprenait pas un mot du mien.

J'étais ahuri, lui souriant.

Il me prit par un bouton de mon paletot, me conduisit près de ma malle, et renversant la main à droite par deux fois, il fit le geste d'un homme qui tourne une clef dans une serrure ; je compris ce langage universel des signes, et j'obtempérai.

Le chef de la douane d'Irun était très affable. Lorsque la visite fut finie, je voulus le remercier, lui dire simplement Merci ! Je ne connaissais pas le mot espagnol qui correspond à Merci.

Mon cher monsieur Cosmès, vous m'aviez bien appris la théorie, mais la pratique me manquait absolument. Je pouvais lire un ouvrage littéraire, et je ne savais pas demander à manger.

Il est vrai que si la théorie était restée dans la barbe fleurie de mon professeur, désormais tout être humain mis en rapport avec moi par la force des choses allait m'enseigner sa langue et la manière de m'en servir.

Aussitôt que je suis débarrassé des formalités de la douane, je préviens le conducteur qu'il me prendra en avant, et je traverse Irun à pied.

La place de la Constitution est à moitié pleine de femmes venues là pour s'approvisionner et de paysans endimanchés : béret bleu en tête, veste courte, ceinture rouge serrant les flancs, espadrilles aux pieds. Je remarque des filles de la campagne modestement vêtues, coiffées de leurs cheveux descendant sur leurs épaules en deux nattes tressées, des *senoras* auxquelles les mantilles encadrant leurs visages donnent la grâce pudique des madones de Raphaël. Des citadins, drapés dans des manteaux bruns, se promènent gravement de long en large. Un personnage, tout de noir habillé, en culotte courte, pareil à un huissier des anciens parlements de France, traverse les groupes la tête haute Sa physionomie placide, détendue, me cause la surprise rare d'un Jocrisse incarné en alguazil.

De petites boutiques à ouvertures cintrées règnent aux rez-de-chaussée, interrompues par des vestibules de maisons bourgeoises ; les balcons, ces balcons célèbres dans l'histoire amoureuse de l'Espagne, s'avancent en saillie à tous les étages. Des blasons gigantesques sculptés sur la pierre, emblêmes des temps passés, que l'on ne découvre plus en France qu'au front d'un petit nombre d'hôtels-de-ville, impriment un grand air de noblesse aux demeures qui en sont décorées. Les maisons sont anciennes, les costumes sont anciens ; le tout se fond dans une harmonie douce à l'œil, agréable à l'esprit. Un parfum subtil des choses du passé flotte dans l'air.

V

Soit par le résultat de pluies récentes, soit par l'effet constant de la clémence du soleil dans le voisinage de l'Océan, la campagne est fraîche encore au déclin de l'été; les prairies, les terres se succèdent, et sur les champs et les prés, les pommiers, frappés par les rayons obliques du soleil, projettent leurs ombres grêles. Le cidre est le vin du pays.

Au-dessus des campagnes cultivées, les masses brunes des bois de chênes et de châtaigniers couvrent les pentes abruptes et s'appuient aux contreforts des hauts sommets. Partout ailleurs, la verdure s'étend de la base au faîte des collines. La main du divin semeur a jeté à profusion dans le Guipuzcoa le gazon et la fougère. Nulle part on n'aperçoit la terre nue. Il y a de ces montagnes qui n'ont pas une déchirure à la robe verte qu'elles étalent majestueusement dans la sérénité du ciel.

La route s'élève, s'abaisse, passe par Renteria, gros bourg bien déchu de son importance passée, et longe le port du Passage. Au fond de la rade, la ville de Passages borde la rive opposée, au pied d'une longue falaise, à l'entrée d'un canal creusé par la nature, qui coupant la montagne, fait communiquer le port avec l'Océan. Ce bassin, si vivant et si animé il n'y a pas encore cent ans, ne baigne plus les carènes des navires : on dirait un grand étang ; si la marée haute le remplit, à la marée basse il est à sec, à cause des atterrissements de l'*Oyarsun* et de ruisseaux secondaires qui le comblent peu à peu.

Au Passages, comme à Fontarabie, comme à Renteria, comme dans tout le reste du royaume à de rares exceptions près, on est frappé de l'incurie et de l'abandon dont les œuvres des hommes sont l'objet. Des merveilles que le génie espagnol enfanta autrefois, le pittoresque seul a survécu : cela suffit au voyageur. Que les historiens comparant l'état présent à l'état antérieur concluent et s'écrient : Peuple fini ! Pour moi, qui ai vu dans l'ombre de chaque ruine, droite comme un glaive, l'âme blessée et fière de la patrie, cette décadence n'est qu'une transition, cette léthargie n'est qu'un engourdissement, cette nuit n'est qu'un crépuscule entre deux soleils, celui du seizième siècle et celui de demain.

Saint-Sébastien est une ville forte, dans une presqu'île défendue naturellement, de trois côtés, par l'embouchure de l'Urumea, par la rade, parallèle l'une à l'autre, et par le mont Orgullo, qui plonge ses assises dans la mer et que couronne un fort ; du quatrième côté, le seul abordable du côté de la terre, par une muraille avec fossés et pont-levis.

La diligence s'arrêta à l'hôtel Berrazza, à côté du port.

Supposant que la halte serait assez longue, je pris le

pas gymnastique et je courus le long du quai dans la direction de la citadelle; mon projet était de voir la mer, que par des échancrures de terrain j'avais devinée plutôt qu'aperçue. Je fis le tour du port, grand comme le bassin des Tuileries, où le petit navire de la chanson aurait eu de la peine à évoluer, et je montai sur la falaise par un sentier à encorbellement. A une certaine hauteur, je m'arrêtai.

La mer était de bonne humeur et comme attendrie par les caresses d'un doux soleil d'automne; unie et bleue avec des tons nacrés, elle avait l'aspect d'un lac dont les limites sont au-delà du champ de vue. Mon regard en suivit les contours visibles, puis, revenant en arrière, il se complut à errer sur sa surface, dans le miroitement de ses ondes, sur la crête de ses flots légèrement soulevés, comme si j'eusse voulu prendre possion du monde des eaux. Jusqu'alors je n'avais trouvé de vraiment vaste que le ciel, accessible seulement à trois voyageurs, l'oiseau, l'aéronaute et la pensée, et voici qu'un autre infini, matériel et tangible, se développait à la suite de la terre et portait mes désirs vers un monde inconnu, où il me serait facile de pénétrer par un simple effort de ma volonté. L'espoir d'un tel idéal, qui n'avait rien de chimérique et que je me plaisais à croire peu éloigné, me grisait d'une sorte de volupté sauvage.

Dans mon âme se pressaient, comme dans un kaléidoscope, des tableaux rapides et changeants : mers azurées des tropiques, îles vertes battues des vagues, baies et promontoires des continents, forêts vierges, savanes herbeuses, sources des fleuves, hauts plateaux, cimes rocheuses, volcans, régions des lacs, neiges éternelles, déserts brûlants, solitudes glacées des pôles.....

Le moyen d'arriver à ces trésors de la nature était devant mes yeux, sous la forme de bateaux de pêche ou de navires se balançant sur les flots à quelques encâblures du môle. Avec leurs voiles latines, ils avaient l'apparence d'oiseaux aux ailes blanches pour un instant posés et prêts à s'envoler. Et je disais aux goëlands qui volaient de la mer à la côte: Un jour j'irai plus loin que vous.

Pour un jeune homme que son imagination novice entraînait à toutes les occasions d'admirer, les motifs d'admiration ne manquaient pas. La ville faisait valoir sa situation originale sur la bande de terrain qu'elle remplissait entièrement du nord au midi : à l'entrée de la rade, l'îlot monolythe de Santa-Clara soulevait au-dessus de l'Océan son dos fauve, marbré de taches ferrugineuses ; la rade s'arrondissait en fer à cheval, découvrant sa plage, rendez-vous des amateurs de bains de mer ; l'Urumea, attirée à l'Océan par la marée descendante, se heurtait, à son embouchure, à un obstacle invisible et formait un mur glauque perpendiculaire à son cours, couvert d'un chaperon d'écume blanche s'écroulant à mesure qu'il s'édifiait. De l'autre côté de la vallée, sur les derniers gradins des collines, des villas coquettes dominaient leurs jardins en terrasse ; enfin, la côte décrivait une grande courbe, de la pointe du *Figuier* au cap *Machicaco*, et au-delà de ce promontoire, s'enfonçait dans un lointain vaporeux ; un murmure sonore et doux, né de l'embrassement de la grève et du flot, montait à moi de l'espace et berçait mon âme dans une rêverie délicieuse.

Un souvenir d'histoire maritime traversa mon esprit : le charme, sans être rompu, changea de sujet.

A quelques lieues au sud de Saint-Sébastien, s'élève sur une langue de terre la petite ville de Guetaria.

C'est de ce port de pêcheurs qu'est sorti, pour faire son apprentissage de marin à la rude école de navigation du seizième siècle, un homme peu connu hors du cercle des érudits, mais que sa carrière extraordinaire rend l'égal des plus célèbres navigateurs de tous les temps ; j'ai nommé Juan Sebastian de El Cano, lieutenant de Magellan, qui revint en Europe, par le cap de Bonne-Espérance, sur la *Victoire*, seul navire restant des cinq vaisseaux de l'expédition. En échange de la gloire qu'il apportait à son règne, l'empereur Charles-Quint lui octroya des lettres de noblesse et lui donna pour armoiries un globe avec cette devise glorieuse entre toutes : *Primus circumdedisti me* ; « le premier tu m'as entouré. »

Les controverses des savants au sujet de la forme de la terre, la croyance du vulgaire à se la figurer plus ou moins étendue, mais limitée et se dressant à pic au-dessus du vide, tombèrent tout à coup. La terre était ronde.

On n'a sur le voyage le plus héroïque qui ait été

tenté dans notre planète (1) que la relation sèche d'un témoin, l'italien Pigaffetta ; il y manque le récit des impressions résultant du choc des évènements et des découvertes.

Je donnerais bien dix années de mon extrême vieillesse, — le sacrifice n'en serait pas considérable, — contre la faculté qui me serait accordée, ne fût-ce qu'un moment, de voir ces journées enfermées dans les siècles passés comme des fleurs fanées dans un herbier ; de passer, comme César, à minuit, la revue spectrale des héros poursuivant leur aventure grandiose ; de surprendre chez les matelots la vie sur le fait ; d'en recevoir les manifestations spontanées, l'espoir, le découragement, les remarques naïves, les terreurs vagues ; d'assister, par exemple, à la sortie de l'escadre de ce détroit qui depuis porta le nom de Magellan, telle qu'elle eut lieu le 27 novembre 1520.

Premier regard de l'homme sur le grand Océan révélé ! des acclamations, puis un silence. L'énorme mer inconnue cachait aux regards inquiets des équipages sa virginité redoutable. Qu'y avait-il par delà l'horizon sans bornes ? Trouveraient-ils à mille lieues ou à dix mille lieues la terre la plus proche, qui les empêcherait de mourir, en leur procurant les vivres et l'eau potable ? Problème dont la solution dépendait du sacrifice de leurs existences. Cependant ils furent en-

---

(1) Jules de Blosseville.

traînés vers le grand mystère. Magellan leur dit : En avant ! et le premier tour du monde s'accomplit.

Combien, de tous ces marins, revirent les rivages de leur vieille Europe ? Treize, avec leur chef El Cano, le héros basque.

VI

Ma contemplation avait duré longtemps ; je dis à l'Océan : Au revoir ! et je rentrai courant à l'hôtel. Il était temps : la diligence, chargée de voyageurs pris à Saint-Sébastien, s'ébranlait sous les efforts de douze mules attelées deux par deux.

J'étais cause d'un léger retard ; le conducteur ne me l'envoya pas dire ; je ne répliquai rien et je pensai longtemps, non sans terreur, à la possibilité presque arrivée d'être abandonné sans malle, et à peu près sans argent (il était dans ma malle), si loin du pays où j'allais et du mien.

Un de ces voyageurs dont la nationalité se reconnaît à portée de canon, me gardait ma place ; il la gardait si bien, qu'il fallut les injonctions réitérées du conducteur pour l'en déloger. Sa présentation faite de cette façon, l'insulaire engagea la conversation avec moi, et nous voyageâmes de conserve jusqu'à Burgos, où nous nous séparâmes les meilleurs amis du monde.

Douze mules, je l'ai dit, traînaient notre voiture. Un cavalier monté sur l'une des deux premières les excitait de la voix et du fouet. Le cocher, armé d'une longue lanière au bout d'un long manche, leur sanglait le ventre de seconde en seconde ; un autre individu tantôt debout sur le marche-pieds de derrière, tantôt courant à leurs côtés, les rouait de coups de bâton.

Dans les villages, les gamins, ameutés par le conducteur, assaillaient les mules d'une grêle de pierres. Nous filions comme un ouragan, malgré les trous et les ornières qui nous faisaient cahoter. La diligence penchait à droite, à gauche, et ne se maintenait que par des miracles d'équilibre. Les tournants de la route, les ponts posés de côté, étaient passés au grand galop.

Quelquefois le vertige me prenait ; je fermais les yeux instinctivement et je serrais la barre du tablier de la banquette dans mes deux mains, avec l'énergie désespérée des noyés. Le tout est de s'y faire, et l'on s'y fait.

Après avoir dépassé Tolosa, capitale du Guipuzcoa, très jolie ville par elle-même et par sa position au milieu d'une vallée charmante baignée par des eaux courantes, la voiture, tirée par des bœufs de renfort, montait péniblement la rampe du mont Irimo, lorsque je vis, de mon balcon ambulant, descendre à grandes enjambées un voyageur vêtu d'une robe brune serrée par une cordelière et d'une pèlerine ornée symétriquement de coquillages ; un chapeau couvert de coquilles ornait son chef ; une gourde pendait à son côté ; ses jambes étaient nues et ses pieds chaussés de sandales ; il s'appuyait sur une longue massue. Ainsi l'on représente saint Jacques dans les images que l'on fabrique à Épinal.

— Nous ne sommes plus en Angleterre ni en France, me dit mon compagnon de route, en me montrant le voyageur pèlerin.

— Nous avons quitté tous deux notre pays pour voir des choses nouvelles; celle-ci est nouvelle dans la réalité de ma vie, mais bien ancienne dans les fictions de mon jeune âge. Avez-vous lu les *Contes du chanoine Schmidt?*

— Oui.

— Ils ont été la joie de mon enfance : le pèlerin costumé comme celui-ci intervient souvent comme un *Deus ex machinâ* dans les drames de la société naïve que le chanoine y fait mouvoir.

Cette partie des Pyrénées, vue des hauteurs que la route franchit, est admirable ; on dirait un parc immense avec ses contrastes voulus, ses fabriques et ses effets cherchés de perspective. Des villages, remarquables de propreté, disséminent leurs maisons blanches sur les coteaux inférieurs, près des ruisseaux; plus haut les pâturages enveloppent les croupes, tapissent les profondeurs et verdoient sur les cimes, qui élèvent dans les airs des crêtes imposantes comme des forteresses féodales.

Autrefois, partout où je rencontrais en pays inconnu de montagnes, sur les bords d'un cours d'eau, rivière ou ruisselet, une maison modeste aux volets verts, un petit jardin attenant suivi d'un grand verger, aux environs des prés et des bois, la folle du logis, si enragée qu'elle fût, se laissait engourdir par l'extase du bonheur domestique qui s'emparait de mes sens, à la découverte de ce joli décor : c'était la retraite du sage ; on y pouvait faire le tour des félicités humaines, puisées dans la simplicité des mœurs, hors de laquelle il n'y a qu'illusions déçues. Chasser, pêcher, se promener; aspirer à pleins poumons l'air des montagnes ; écouter, en se reposant sur les roches dominantes, ce son religieux si ancien et si vénérable que, trois fois par jour, les cloches laissent tomber de leurs beffrois sur le monde chrétien; lire sous la charmille qu'on a plantée; admirer d'un cœur jamais lassé les bois, les nuages ; les fleurs, les rayons, les étoiles; ouvrir parfois la porte d'ivoire aux songes pacifiques qui, de retour de leurs voyages au mystère inquiétant de la Mort, en rapportent l'espoir en Dieu ; enfin, souriant aux promesses de longs jours apaisés, Joconde désabusé du monde avant de l'avoir couru, et cultiver avec amour sa femme et son champ.

Mais le démon de la curiosité, mon génie familier, — chacun a le sien, — me soufflait ces mots railleurs : Abdique, vends à la matière ton droit d'aînesse, vis, végétal ! prends pour devise la devise du lierre : je meurs où je m'attache. Et, d'un coup d'aile, je reprenais mon vol, emporté par les vents orageux de la jeunesse.

« Comme la feuille morte échappée aux bouleaux
« Qui, sur une onde en pente erre de flots en flots,
« Mes jours s'en vont de rêve en rêve. » (V. H.)

Le jour décroît, une brume transparente s'amasse au fond des vallées; la lumière se retire lentement vers les sommets et monte dans la région sublime d'où elle redescend à chaque aurore pour venir réjouir les yeux et le cœur des mortels; avant de disparaître, le soleil couchant jette entre deux pics, sur la montagne opposée déjà brunie, un dernier rayon semblable à un ruban d'or encadré dans le velours de la prairie : tous les bruits de la terre meurent peu à peu; les chants d'oiseaux ont cessé; seul, le merle, ce chanteur attardé qui sonne le couvre-feu dans les campagnes, jase encore sur la branche de quelque buisson. C'est l'heure auguste du soir, où l'humanité, plus recueillie que le matin, parle confidentiellement à la nature, qui lui répond par la voie plaintive de ses sources perdues : moment ineffable, réservé aux âmes tendres et pensives!

Un bon souper nous attend à Vergara. Nous descendons dans un hôtel bien tenu. Le couvert est mis sur une vaste table, et le service est fait par deux jeunes filles légères comme des danseuses, aux traits fins, à la taille svelte, aux longs cheveux retombant en deux tresses.

C'est toujours la même race, ce magnifique type basque que j'ai déjà admiré à Bayonne et le long de la route, et dont je n'ai pas trouvé l'équivalent en grâce et en beauté.

La nuit est fraîche, sinon froide; chacun s'isole, se retire sous son manteau comme dans une chambre, et, bien repu, s'endort. Je pourrais en faire autant, si je n'avais eu à Bayonne la prévoyance de serrer mon burnous au fond de ma malle, parce que je comptais trouver au-delà des Pyrénées, à cette époque de l'année, les naturels en manches de chemises, les jambes nues : c'est comme cela que je suis les recommandations hygiéniques de mon excellente mère.

Trop nerveux pour dormir en voiture, je passe le reste de la nuit à tirer des plans de châteaux en Espagne, genre de travail qui jamais ne chômait en moi, et auquel les circonstances et l'influence du pays où je pénétrais donnent un redoublement d'activité.

A quatre heures du matin, nous entrons à Vittoria, capitale de l'Alava.

VII

Le matin se leva radieux sur les plaines de la Castille. Mon professeur, avec l'enthousiasme navrant de l'exilé pour son pays, m'avait dit : Vous entrerez dans un paradis terrestre où les orangers, les palmiers, les citronniers alternent avec les arbustes et les fleurs exotiques; vous passerez entre des haies embaumées.

Et je vis, avec stupeur, une contrée morne, silencieuse, des montagnes chauves et ravinées, une campagne en culture, mais dépourvue de bois, de haies et même de buissons, des villages rares, à demi-ruinés, privés d'arbres et de jardins, habités par une population pauvre.

C'était une déroute, mais mon esprit se pondérait par les contrastes; sans s'arrêter à compter ses morts, il se dépêcha d'ensevelir dans la nécropole de ses rêves les ombrages de la végétation tropicale, et s'absorba dans le spectacle monotone, mais non sans grandeur, de cette terre à perte de vue, libre d'obstacles, car aucun rideau d'arbres ne coupait le large horizon, et l'immense nappe brillante, déployée par le soleil sous le dôme azuré du ciel, mettait en fête la plaine profonde.

Comme nous descendions de voiture pour déjeuner à Miranda sur l'Ebre, une horde de mendiants nous assaillit. Très pittoresques ces mendiants, dans leurs costumes de pifferari déguenillés, avec leurs manteaux d'amadou en loques, mais d'une familiarité hautaine que je qualifiai sévèrement! J'essayai de m'en débarrasser avec quelques sous, impossible : leur avidité croissait avec mes sacrifices; ils ressemblaient à une bande de loups surexcités par le goût d'un quartier de viande fraîche qu'on aurait jeté au milieu d'eux. L'un d'eux surtout, un vieillard qui fixait sur moi son regard vitreux et malgré cela menaçant, traînait après lui un énorme bâton, et paraissait vouloir m'en asséner un coup sur la tête parce que ma générosité envers lui s'était bornée à deux sous. Je me réfugiai dans la posada (auberge).

Autour d'une table servie, plusieurs voyageurs s'empressaient, les uns à tremper des petits pains dans des dés à coudre qui passent pour être des tasses de chocolat, les autres à se gorger de gros pois jaunes qui n'étaient pas autre chose que les fameux garbanzos (pois chiches), le mets espagnol au nord, au midi, partout, d'Irun à Cadix. J'en goûtai : légume dur, farineux, fade, pâteux, ni mauvais, ni bon, par conséquent détestable à la longue.

Pendant le déjeuner, un couple, qui était monté en voiture à Vittoria, attira mon attention. Un gentleman d'environ vingt-cinq ans, très blond, grand, distingué, mis avec élégance en négligé espagnol, entourait de prévenances une jeune femme à la taille souple, aux traits incorrects mais doux, à l'opulente chevelure, aux pieds de déesse.

Ils avaient célébré depuis peu de jours la fête de l'amour nuptial, car leurs mains se cherchaient sans cesse, et leurs lèvres se rencontraient quelquefois sans se chercher. La lune qui luit sur le pays de Tendre les inondait de ses effluves magnétiques.

Malgré les secousses imprimées à la diligence par les inégalités incessantes de la route, elle n'en soutenait pas moins son train rapide. On traverse les fameuses gorges de Pancorbo ; la campagne ne se relève pas de ma première impression et paraît peu peuplée ; elle manque de cultivateurs.

Les mendiants, eux, ne manquent pas : ils représentent l'industrie du pays, la seule qu'on y soupçonne. A tous les relais, ils arrivent en foule autour de nous, et, pour la plupart, appuient leurs requêtes d'infirmités simulées et de gourdins qui ne le sont pas. On croirait, de loin, que la voiture renferme quelque Excellence visitant ses bonnes provinces et recevant aux stations les délégués des populations rurales.

Burgos ! Avant de me mettre à table, je ne fais qu'un saut à la cathédrale, dont les deux clochers sculptés, dentelés, brodés à jour, dominent la ville et la contrée.

J'ai vu des monuments en nombre ; j'ai dit : C'est beau ! et j'ai passé. Ma visite à la cathédrale de Burgos est un des événements de ma vie ; j'ai éprouvé un saisissement, comme si, dans un nuage subitement entr'ouvert, la Cité de Dieu m'était apparue. C'est plus qu'un souvenir, c'est une sensation conservée dans toute sa force.

Je retrouvai en face de moi, à table, le couple de Miranda ; mêmes soins empressés de la part du jeune homme, câlineries retenues de la jeune femme.

Au milieu du dîner, quelqu'un entra. Le grand blond se leva vivement, alla à sa rencontre et, l'entraînant par la main près d'une fenêtre, lui parla dans une langue que je n'avais pas encore oubliée , la langue française : c'était un Français.

VIII

A Aranda de Duero, pendant qu'à la lueur des lanternes on dételait les mules fumantes de sueur, je fus témoin d'une coutume observée dans toutes les villes du royaume. Près de nous, une voix lamentable s'éleva et cria: *Las cuatro y media, y sereno.* Bon! fis-je, voilà que ça recommence! Il paraît qu'ici les pauvres mettent à mendier une ténacité remarquable ; s'ils travaillaient le jour, la nuit ils dormiraient, et ne poursuivraient pas les voyageurs de leurs traînantes mélopées. Et l'agriculture qui manque de bras! Soyons juste : il est moins fatigant de tendre la main à la hauteur d'un vasistas que de se courber sur un sillon.

Je me trompais. Le mendiant supposé était un garde ou veilleur de nuit, *sereno*.

Muni d'une lanterne, d'un cornet à bouquin, et armé d'un bâton, le *sereno* annonce aux habitants, toutes les quinze minutes, l'heure qu'il est et le temps qu'il fait. Celui-ci répétait par les rues désertes : « Il est quatre heures et demie ; le temps est clair, « *sereno.* » Je trouvai de haut goût ce parfum moyen-âge.

A la naissance du troisième jour de voyage depuis notre départ de France, je montais à pied une longue côte et je considérais la haute chaîne de Somo-Sierra, que nous allions bientôt atteindre, et la contrée sauvage que nous traversions, contrée parée d'une folle avoine couvrant la plaine et la montagne. J'entendis derrière moi :

— Bonjour, Monsieur.

Je me retournai ; le jeune homme blond me saluait, il ajouta :

— Vous êtes Français, Monsieur ?

— Oui, Monsieur, répondis-je en ôtant mon chapeau ; et vous aussi ?

— Parfaitement. Vous allez à Madrid ?

— Oui, Monsieur, et vous?

— Moi aussi. Tant mieux, nous pourrons causer. Que dites-vous de ce pays ?

— Je suis un voyageur désorienté. Croyez-vous qu'à la sortie des Pyrénées je me figurais trouver les tropiques ?

— Les tropiques ?

— Les productions naturelles des pays chauds, une campagne odorante, des palmiers, des nopals, des forêts d'orangers, des futaies de figuiers, une frondaison superbe avec des couleurs rutilantes, et j'ai vu, quoi ? un sol glabre, rasé comme le menton d'un Anglais.

— Les orangers et tous les arbres que vous venez de citer poussent en pleine terre, à Valence, à Murcie, à Grenade. Cette province-ci (Burgos) est pauvre. Un proverbe dit : l'alouette ne traverse les Castilles qu'en portant son grain. D'autres provinces sont riches. Ne vous hâtez pas de juger l'Espagne sur cette première apparence; il faut habiter un pays pour l'apprécier, et surtout pour l'aimer. Celui-ci a du bon. Vous le reconnaîtrez, si vous y restez un peu de temps. N'êtes-vous pas logé sur l'impériale ?

— Oui.

— Il ne faut pas rester là ; il y a une place libre dans l'intérieur ; venez, je vais vous présenter à ma femme.

Je m'installai à côté d'eux.

Après avoir épuisé une quantité de sujets, l'intimité se formant par l'échange des pensées et des sentiments, avec les repas pris en commun et les petits incidents du voyage, on me demanda ce que je venais chercher en Espagne.

Je répondis que d'humeur remuante, avec une arrière-pensée d'ambition, je commençais par l'Espagne la série de mes voyages aventureux, et que j'allais m'enquérir d'un emploi à Madrid ou ailleurs.

— Y avez-vous des connaissances ?

— Non, mais mon porte-feuille contient une quinzaine de lettres de recommandation pour de bonnes maisons de Madrid.

— Savez-vous la langue ?

— A peine pour ne pas mourir de faim, mais je l'apprendrai vite.

— Il vous sera très-difficile de vous caser. Les emplois sont rares, peu rétribués ; votre ignorance de la langue est en outre un obstacle. Dans votre intérêt, je vous préviens que vous pourrez peut-être attendre longtemps, à moins d'une chance heureuse.

— Entr'autres lettres, j'en ai une pour une dame de

Madrid, sœur du confesseur de la Reine. Vous n'ignorez pas la grande influence que les directeurs spirituels ont non-seulement sur la conscience, mais sur la volonté des femmes pieuses. Pieuse, je ne sais pas si la Reine l'est, mais elle doit être dévote. Ne pensez-vous pas qu'une telle protection a sa valeur, et qu'elle peut me porter haut ?

— Je vous demande pardon de vous confesser : quelles sont vos aptitudes ? que savez-vous faire ?

— Je vous répondrai sans détours. J'ai cru, un temps, à une aptitude qui aurait pu me mener à quelque avenir, mais j'ai manqué le coche. Quant à ce que je sais faire, c'est très simple à dire : rien !

— Et vous espérez ?

— J'espère que le confesseur susdit me trouvera un emploi de secrétaire particulier d'un ministre ou un poste analogue, en attendant beaucoup mieux.

Dominique Forfer, mon nouvel ami, me regarda avec curiosité, laissa tomber l'entretien, et se cantonna dans une pensée qui était évidemment celle-ci : voilà un garçon naïf.

IX.

Vers les neuf heures du matin, nous tombons du désert sur Madrid, sans transition, sans que la capitale de toutes les Espagnes soit précédée de jardins maraîchers et de maisons de campagne. Madrid est bâtie sur un plateau, au milieu d'une grande plaine presque inhabitée, dans laquelle il n'est pas prudent de s'attarder la nuit.

Il était convenu, entre mes nouvelles connaissances et moi, qu'une chambre était à ma disposition dans leur appartement, rue Fuen-Carral. Cet arrangement me délivrait de l'embarras de m'occuper d'un logement et d'une pension.

Nous fûmes reçus à leur maison par une vieille femme qui portait le costume des environs de Salamanque (un justaucorps en drap brun très épais, historié, et une jupe de même étoffe sans plis) et par une jeune fille vêtue comme les ouvrières de France ; c'étaient la mère et la sœur de Mme Forfer. Celui-ci avait fait un mariage d'inclination. Lors d'un de ses voyages à Salamanque, il s'était épris de la fille aînée de la propriétaire chez laquelle il était entré en qualité de pupilo ou pensionnaire, s'était marié contre la volonté de son père, riche bourgeois de ***, et avait emmené à Madrid sa femme et sa nouvelle famille.

Les huit premiers jours de mon séjour à Madrid furent consacrés à des courses en tous sens, dans la ville et autour de la ville, que je n'aurai pas la simplicité de décrire même d'une façon sommaire.

Forfer était un prodigue; le mariage ne l'avait point corrigé. Il m'entraîna dans un tourbillon de plaisirs coûteux que je n'avais pas prévus dans la ligne de conduite de mon itinéraire. Il avait un domestique et un cheval andaloux noir. Souvent nous montions, lui son cheval de race, moi une bête de louage, et, caracolant en chapeaux ronds, nous cherchions tous deux, au Prado et ailleurs, l'un à faire figure et l'autre à ne pas être désarçonné.

Beau, élégant, il prenait à se montrer un plaisir que je ne partageais pas du tout. Il m'avait séduit, je le suivais. Nous allions aux courses de taureaux; nous dînions dehors la plupart du temps, quoique nos repas et sa famille nous attendissent à la maison. Une partie de nos journées se passait au café, au billard, et la plus grande partie de nos nuits à courir les maisons de jeu.

Là, je fis connaissance avec tout ce que Madrid renfermait de plus huppé en fait de grecs, d'aigrefins et d'escrocs de haute volée.

Forfer jouait et perdait. Point du tout joueur, je le regardais marcher à sa ruine avec chagrin, et je sortais toujours plus triste de ces honteux tripots.

CHOIX D'UN ÉTAT

I

Je fus bientôt las de cette vie de Polichinelle. Outre que mes goûts ne m'y portaient pas, ma bourse devenait malade à un tel régime; elle avait considérablement maigri, et il était fatal qu'avant deux ou trois semaines elle jetterait son dernier soupir, je veux dire son dernier écu.

Un jour que Dominique me disait, comme d'habitude : — Venez-vous ?

— Non, mon ami, j'ai épuisé mes ressources ; il faut que je m'occupe de trouver un emploi pour vivre.

— Voulez-vous de l'argent ? vous savez bien que ma bourse est à votre service.

— Je vous remercie; mais quand j'aurai dépensé l'argent que vous m'aurez prêté, je serai encore moins avancé, je serai devenu votre débiteur, et il faudra toujours en arriver à gagner ma vie, puisque je ne puis vivre sans rien faire. Dès aujourd'hui, je me mets en campagne.

— Alors, bonne chance du côté des grandeurs, monsieur le secrétaire de Son Excellence le ministre un tel ! J'espère que vous ne mépriserez pas les petites gens qui habitent la Calle (rue) Fuen-Carral.

— Moquez-vous, maintenant ! dans huit jours peut-être vous vous parerez de vos relations avec moi.

Ma résolution prise, je la mets à exécution de suite. J'ouvre ma malle et je furette dans tous les coins, à la recherche de mes recommandations. Pas de traces du gros paquet de lettres de Paris ; rien ne sort des effets secoués et de la malle bouleversée.

Je suspends mes fouilles, et j'arpente mes tempes cerclées de ma main gauche, comme pour en faire jaillir un souvenir précis ; ensuite, la quête recommence inutilement ; je m'empoignerais le nez, ce qui indique une tension de la mémoire encore plus grande, que le résultat final n'en serait pas changé : mes lettres sont perdues.

Mais j'ai retrouvé la lettre du professeur Cosmès, mise à part heureusement avec une autre donnée par un ami pour un de ses parents demeurant à Lisbonne. L'adresse portait cette suscription :

Madame Dolorès MONTE,

Calle de la Montera, 22,

MADRID.

Je la dépose avec précaution dans une poche de mon paletot et je m'achemine vers la rue de la Montera, une des rues commerçantes de la capitale. Parvenu au numéro 22, je lis sur une enseigne, au rez-de-chaussée : Merceria. C'est là, dis-je, et j'entre. La boutique est petite, simple ; une femme d'une trentaine d'années est assise derrière une banque ; je m'avance et je dis :

— Bonjour, Madame.

— Bonjour, Monsieur.

— J'ai l'honnneur de parler à Madame Dolorès Monte ?

— Oui, Monsieur, c'est moi-même.

— Voulez-vous avoir la bonté de prendre connaissance de cette lettre ?

Je lui présente la lettre.

Après avoir lu :

— Ah ! monsieur ! s'écrie-t-elle, vous êtes adressé par M. et Mme Cosmès, soyez le bienvenu. Ils se portent bien tous deux ?

— Madame, il y a plus de deux mois que je les ai quittés ; mais je les ai laissés en bonne santé.

— Vous êtes donc venu en Espagne pour y chercher une position ? Je vous avoue que c'est bien difficile. Cependant je suis tout disposée à vous rendre service. En quoi puis-je vous être utile ?

— Madame, je suis prêt à prendre ce qui se présentera, voyez vous-même.

— Qu'avez-vous fait jusqu'à présent ? quel est votre état ?

Pour rendre hommage à la vérité, j'aurais dû lui répondre, comme à Dominique : Madame, je suis fainéant de mon métier, et j'étais assez embarrassé pour déclarer une autre profession. Mon inexpérience de la langue espagnole me vint en aide ; je murmurai des phrases inintelligibles.

La dame n'insista pas, se recueillit un moment, et dit :

— Je ne sais que vous proposer. Ecoutez, nous sommes en relations d'affaires avec beaucoup de généraux. Voulez-vous entrer chez l'un d'eux comme *ayuda de camara?*

— Ayuda de camara? Madame.

— Oui.

— Secrétaire?

— *Por la ropa.*

— Por la ropa? pour écrire?

— Non. Ayuda de camara por la ropa.

— Ayuda de camara por la ropa?

— Oui, ayuda de camara por la ropa, répéta Mme Monte, un peu nerveuse. C'est bien simple, vous ne comprenez pas?

— Si Madame, por la ropa, je comprends très bien; cela me va parfaitement, et je vous serai très reconnaissant si vous voulez vous occuper de moi pour cet emploi.

— Je ferai des démarches, je vous le promets.

— Vous êtes mille fois trop bonne. Je vous remercie. Bonjour, Madame.

— Bonjour, Monsieur.

Ayuda de camara! por la ropa! répétais-je en me hâtant du côté de ma demeure, qu'est-ce cela signifie? Ayuda de camara chez un général? mâtin! cela me semble cossu. Est-ce que, par hasard, j'entrerais du premier coup dans les dignités?

Quelle veine!

Ainsi poussé par un espoir immense, je filais comme un lièvre à travers les rues; de temps en temps, je haussais les épaules et je partais d'un petit rire en pensant à Dominique, qui m'avait nargué il n'y avait pas une heure. Le pauvre homme, il ne savait rien de la vie !

Je montai les escaliers de ma maison quatre à quatre, et, saisissant mon dictionnaire franco-espagnol, je cherchai fébrilement ayuda de camara.

Art, ast, ayu.

Ayuda, s. f. Aide, secours, assistance, appui, faveur.

Ayuda, s. m. Lavement, clystère, seringue, aide, second.

Ayuda de camara. Valet de chambre.

Je sautai en l'air.

Valet de chambre ! j'ai mal lu ; j'ai un brouillard sur la vue ; relisons mieux : valet de chambre ! domestique ! oui, domestique !

Por la ropa, voyons ! ah ! le doute n'est plus permis. *Ropa* traduit en bon français signifie tous les effets de la garde-robe, effets d'habillement et de linge en général, et *por la ropa* pour le soin de la garde-robe. *Ayuda de camara por la ropa* : valet chargé du soin des effets. C'est bien cela.

Quel débâcle ! quel écroulement d'illusions superbes ! pauvre garçon ! Avant ce voyage, il n'avait jamais perdu de vue, pour ainsi dire, les montagnes qui dominaient son village natal ; il croyait que la frontière changeait les conditions de l'existence terne et prosaïque de ce côté, là bas poétique dans une vapeur d'or. Son imagination, chauffée à blanc par la lecture à outrance des romans de cape et d'épée, s'était fabriqué un avenir impossible. A la venue du jeune étranger, les premiers du pays le combleraient de distinctions et d'honneurs; il ferait la guerre en paladin, l'amour en troubadour. Quelles entrées triomphales à cheval, le poing sur la hanche, dans les villes conquises! Quelles sérénades sous les balcons des senoras subjuguées! Quelles courses à travers le mystérieux Orient!

Il avait paru, il s'était présenté la bouche en cœur, et qu'avait-on offert à l'ambitieux? une place de valet! on mettait Fernand Cortez à l'office!

C'est ainsi que l'on se réveille d'un songe ; les rêves ont souvent de ces lendemains.

La tête ébranlée par un coup de dictionnaire aussi formidable, je restai un moment anéanti; puis je pris mon chapeau, furieux, déterminé à retourner chez Mme Monte lui faire une scène violente ; mais je réfléchis en route que, si outrageant que cela fût, je n'avais qu'elle pour appui sur la terre étrangère ; j'eus peur de mon isolement, et je rentrai chez moi, où je restai plus d'une heure abîmé dans des réflexions désolantes. La profondeur de la chute se mesure à la hauteur de la tour.

II

A l'école de l'adversité, l'on apprend vite les principes d'une philosophie moins savante, mais plus utile qu'au collége. Aussitôt frappé, deux vertus viennent à votre secours, qui seront presque toujours à la hauteur de la mauvaise fortune à courir, l'une d'initiative, l'autre de résistance, équilibrant à elles deux votre esprit : la volonté et la patience. La volonté se tend comme une corde qu'on déroule et retire de l'abîme du désespoir, l'âme en détresse ; ensuite la patience survient, adoucit sa chute sociale, et lui en fait supporter l'amertume. C'est elle qui nous fait accepter des situations épouvantables, et qui, lorsque vous avalez des couleuvres, vous persuade que vous mangez des anguilles à la tartare. Ce résultat ne s'obtient pas du jour au lendemain.

J'avais besoin d'air et de mouvement; je brûlai le pavé de Madrid toute l'après midi, rêvant à la carrière singulière dans laquelle j'étais poussé, sans autre issue ; de là à m'intéresser aux fonctionnaires qui en sont les représentants le plus en vue, il n'y avait qu'à suivre la pente de la pensée. J'observai donc les sujets de la haute domesticité que le hasard me fit rencontrer dans leurs diverses attitudes et fonctions. N'ayant pas assez de sang-froid, je les vis sous un aspect déplaisant. Tel était obséquieux, il me répugnait ; tel autre avait l'air rogue, il m'était odieux ; celui-ci traînait lâchement ses savates au cabaret, j'étais tenté de lui crier : Rossard ! Celui-là brossait ses habits (*ropa!*) dans un vestibule donnant sur la rue, il me rappelait ma méprise cruelle du matin ; en somme, je n'avais rien de commun avec ces gens-là ; à tous les points de vue ils étaient à mes antipodes.

Et devant les vitrages des devantures je passais la revue de ma personne, reculant pour mieux en prendre l'ensemble, me rapprochant pour mieux examiner mes traits. Est-ce qu'avec un galbe pareil, faisais-je naïvement à mon image en relevant crânement ma moustache, il faudrait, *proh pudor!* en être réduit à dire d'une voix discrète à celui qui vous nourrit, en échange du pain que vous en recevez : Monsieur désire-t-il que je lui passe sa chemise ? Non, Mme Monte s'est trompée ; elle m'a pris pour un autre ; la boulette est faite, elle en est honteuse, j'en suis sûr, et demain j'accepterai ses excuses senties et des propositions plus propres. Demain, elle et moi nous jouerons du fameux confesseur son frère qui doit m'ouvrir la porte de l'avenir glorieux.

Ce fut pénétré d'une confiance redevenue plus ferme que jamais, que je me présentai à ma protectrice le lendemain, avec la certitude qu'elle aussi avait réfléchi et elle allait remuer le monde officiel pour me trouver un poste plus digne de moi.

Elle m'accueillit gracieusement et dit :

— J'ai déjà parlé, prenez patience, je vous placerai.

— A quel emploi? répondis-je très ému.

— Comment? reprit-elle avec étonnement, mais comme valet de chambre.

— Vous ne voyez rien autre qui me conviendrait mieux?

— Laissez-moi faire : je sais ce qui vous convient, seulement vous devrez couper vos moustaches.

— Couper mes moustaches?

— Oui, ce ne serait pas convenable de les conserver, il faut se mettre à la mode du pays. Bonsoir, mon ami.

Elle n'en démordra pas, pensais-je en m'en allant; l'inspection de ma tête ne lui dit rien du tout. Si, pardon! elle lui dit que je suis bon pour le service, pas le service militaire, l'autre, celui où l'on fait campagne avec le pavillon de la chemise de son maître pour drapeau. J'ai tourmenté mon père pendant trois années pour qu'il consentît à mon engagement, parce que, incapable d'entrer dans la peau d'un notaire, même de campagne, je me croyais du bois dont on fait les généraux; je ne serai pas général, mais je serai son domestique. C'est à crever de rire!

Et je lançais vers le ciel des regards furibonds.

Ce jour-là, je fis une bonne dizaine de lieues aux environs. Forfer me dit à souper :

— Vous êtes donc placé, qu'on ne vous voit plus?

— Non, pas encore.

— Alors, que devenez-vous?

— Je vais me promener à la campagne.

— Si c'est à la campagne que vous cherchez un emploi, je vous préviens qu'ils y sont rares, rarissimes. Vous n'êtes pas pressé ? Tant mieux !

Pressé ou non pressé, je ne pouvais me soustraire à l'arrêt ironique du destin. Les projets que j'élucubrai durant quelques jours n'arrivèrent même pas à l'état d'ébauche, tentatives de la pensée seulement, faces confuses de l'espérance, qui, à peine entrevues, passent sans retour.

Enfin, à bout d'échappatoires, acculé, poursuivi par des idées de suicide avec une persistance inquiétante, je cédai aux exhortations du R. P. Chifflet, telles qu'il les a données dans son livre intitulé : *Dévotion aux saintes âmes du Purgatoire.* Je jetai mes préjugés pardessus mon épaule et je retournai chez Mme Monte, résolu comme Léonidas allant se faire tuer aux Thermopyles.

Un jour j'y rencontrai un jeune homme en livrée verte, porteur d'une figure ouverte et sympathique.

Dès que Mme Dolorès m'aperçut :

—Pedro, dit-elle, en s'adressant au domestique, voici un monsieur qui voudrait une place de valet de chambre. Je vous prie de faire votre possible pour lui rendre service ; je lui porte beaucoup d'intérêt ; de mon côté je m'occupe, mais je n'ai encore rien trouvé. C'est un de vos compatriotes.

— Ah ! vous êtes Français ? s'écria Pedro.

— Oui, Monsieur.

— De quel pays ?

— Des environs de Nevers.

— Moi je suis natif de Tours; touchez là (il me tendit la main). C'est plaisir de trouver à l'étranger des collègues et des pays recommandés, comme vous, par Mme Monte. Je suis valet de pied à l'ambassade de France; je connais beaucoup de monde, surtout parmi les domestiques de grandes maisons, qui sont bien au courant des places vacantes; vous pouvez compter sur moi.

Elle était consommée, ma déchéance! Je devenais le protégé d'un laquais inconnu qui condescendait à me donner une poignée de main! Le désir me prit de m'enfuir, de monter chez moi, de m'emparer d'un pistolet et de me tuer; mais l'idée du désespoir auquel j'allais condamner mon père et ma mère pour le reste de leurs jours, par cet acte irrémédiable, me fit un mal affreux. Un tourbillon de pensées passa dans mon âme en moins de temps que je ne mets à les raconter..... Bah! si loin de mes relations françaises, qu'était l'aventure? Une farce un peu longue dont il fallait voir la fin. Je me remis par un violent effort, et je répondis au domestique :

— Monsieur, voulez-vous me permettre de vous offrir quelque chose au café?

— Volontiers.

Au café, il m'apprit que, si j'entrais chez une famille espagnole, je ne serais pas tracassé; que les maîtres n'étaient ni exigeants, ni minutieux, ni généreux non plus, etc.

Les nouveaux amis se séparèrent. Paul regarda le costume brillant de Pierre tant qu'il fut en vue; ensuite, il dit, mélancolique :

— Tu vas voir que tu entreras dans une maison où la livrée est imposée aux serviteurs. Aucune humiliation ne manquera à ta misère, pauvre Paul, aucune!

Quelques jours se passèrent; au retour d'une longue promenade champêtre, je fus informé par Mme Juana Forfer qu'un domestique en livrée était venu me demander, avait paru contrarié de ne pas me voir, et qu'il avait une bonne nouvelle à m'annoncer.

— Quelle est donc cette bonne nouvelle, don Pablo? demanda Mme Dominique.

— Je vous la dirai quand je la saurai, répondis-je, et, en même temps, je rougissais prodigieusement; j'ajoutai : Il n'a pas indiqué un rendez-vous?

— Si, au café où vous avez trinqué ensemble.

Je m'esquivai. Mon rendez-vous était fixé à quatre heures; il en était quatre et demie. L'anxiété agitait mes membres, ma main tremblait en tournant le bouton de la porte. Une grande joie calma mon inquiétude. Pierre m'attendait, il se leva.

— Mais arrivez donc! s'écria-t-il.

— Pas de reproches; j'étais absent. De quoi s'agit-il?

— J'ai appris, pas plus tard que ce matin, qu'un M. Rivaltos avait besoin d'un valet de chambre; aussitôt je suis allé chez lui et je lui ai parlé de vous en termes chaleureux; il vous attend ce soir, ne perdez pas de temps; ces places ne restent pas à prendre. Voici son adresse : Calle Mayor, nº 7; allez-y de suite.

Il me planta dans la rue et courut à son travail.

III

Ce Pierre n'est point un malhonnête, comme on dit chez nous lorsqu'on vante un homme obligeant et estimable ; il s'est remué, et il a trouvé ; de plus, il m'a évité, en parlant pour moi, une démarche que je n'aurais peut-être jamais tentée seul : je ne suis pas né solliciteur. Maintenant je suis en route ; je vais où me mène mon ambition, ambition bornée, infiniment bornée, pas plus, du reste, que le pauvre hère qu'elle dirige ; car j'ai gaspillé à mon père au moins 15,000 fr., à moi pas moins de dix années au collége, et me voilà au même niveau social qu'un jeune rustre que son bourgeois retire de la queue des vaches pour le former au service de sa maison de ville. Vous trouvez cela risible? moi pas. Mais chassons ces pensées détériorantes. Hâtons-nous de nous faire recevoir, afin que, la corvée finie, nous puissions compter sur le pain de demain et dormir tranquille.

Pierre aurait bien dû m'accompagner ; il a l'habitude de ces présentations. Comment vais-je aborder le susdit Rivaltos ? Serai-je humble ou digne? L'humilité convient à ma position, mais la fierté fait partie de mon éducation. Le cas mérite qu'on l'approfondisse ; je vais m'asseoir sur ce banc. Je dois à mon caractère de lui faire connaître qu'il n'a pas affaire à un domestique ordinaire. En sera-t-il flatté ou mécontent? Voilà le chiendent. La circonstance m'inspirera; je ne suis pas un sot.

Il y a dans les fonctions que je suis appelé à remplir, si je suis admis, certains détails sur lesquels je n'ose appuyer, tellement je me sens confus de les effleurer de la pensée. Ah! c'est embêtant! Le cœur me manque, les jambes se dérobent sous moi; je n'arriverai jamais ce soir. Un verre d'absinthe me remettrait peut-être. C'est une idée; une fois n'est pas coutume.

. . . .

J'ai eu bien tort de venir en Espagne. Trop classique, l'Espagne, et trop bourgeoise encore, malgré sa situation à l'extrémité de l'Europe, derrière le mur des Pyrénées qui la sépare du vieux monde ramolli; c'était vers le Mexique qu'il fallait cingler tout droit. Terre de promission, le Mexique, où la Révolution en permanence fait en vingt-quatre heures d'un savetier débarbouillé un colonel à pompons. O mon âme! ils t'ont cassé les ailes quand tu commençais à monter dans l'avenir, comme une jeune alouette dans le ciel, joyeuse et chantante! . . . .

. . . .

Ecoute, ami Pablo. Trêve de chimères, accepte la froide réalité des choses raisonnables. A quoi es-tu propre? A rien. Tu ne peux espérer qu'un emploi de bureau monotone et idiot; alors ce n'était pas la peine de quitter Orléans, car c'est précisément pour n'y pas retomber que tu es ici. Tu veux rapporter de tes pérégrinations de vifs souvenirs d'émotions et d'aventures. Eh! bien! parole d'honneur, tu es né coiffé; la fortune a un amour pour toi, regarde! Ta jeunesse, des plus maussades jusqu'à présent, s'emplit d'un élément comique dont tu riras bien aux jours des vieux souvenirs. Quel contraste piquant entre ce que tu es aujourd'hui et ce que tu seras demain! Tes habitudes, tes manières, ton allure, ta tenue, ton costume et jusqu'à ton langage, tout ce qui fait ta personnalité sera modifié, changé ; ta vie extérieure subira un renversement prodigieux, une métamorphose complète; elle sera pour ainsi dire retournée comme un gant. . . . .

. . . .

En outre, la porte basse que l'on t'invite à franchir est ouverte sur un avenir d'une étendue indéfinie. Y as-tu pensé?

Heureux mortel! qui t'interdit de prétendre à une fortune plus haute, de monter dans la faveur des grands par ton ingéniosité et ton savoir-faire, de recommencer Gil Blas et finir comme lui en ton château de Lirias acheté avec tes économies? Mme Monte a fait une vraie trouvaille.

Comme cette eau verte m'a remonté! Je me sens capable de tutoyer M. Rivaltos et de lui proposer de le prendre à mon service. Pas de bêtises!

Faut de la vertu, pas trop n'en faut. L'inspiration était bonne, à condition de ne pas en abuser. Je dois, j'en ai peur, porter avec moi l'odeur de l'absinthe, et je vais me présenter à ce particulier sans aucuns certificats de bonne conduite, mais recommandé par un parfum d'ivrogne surfin ; et cela est si peu une compensation, que le moins qu'il puisse m'arriver, si je pénétre jusqu'au maître, c'est d'être flanqué à la porte par les domestiques : or, nerveux comme je me connais, je ne serai pas content. Il faut conjurer ce danger, neutraliser cette peste. Avec quoi ? des pastilles de menthe que je vais demander au premier confiseur venu. Je ferai sur ma langue l'opération semblable à celle qui consiste à brûler du sucre sur une pelle, dans un appartement empesté.

Mon palais est en feu, trop d'absinthe, trop de menthe, plus d'équilibre. La pensée et l'action, tout en moi est excessif, comme toujours, excepté le travail par exemple ; ceux qui recherchent les causes finales des événements auraient dans mon aventure un beau sujet de morale en action : au bidon, pour éteindre ce commencement d'incendie ! Rentrons.

Qu'est-ce que je fais, à suivre d'un regard atone les linéaments du carrelage ? L'heure passe, le temps s'écoule, la chance diminue de minute en minute : une décision prompte est urgente. On m'attend rue Mayor. Si je ne prends pas l'emploi qu'on m'offre aujourd'hui, je perds mes deux protecteurs à la fois, Mme Monte et Pierre, les seuls que j'ai, puisque j'ai égaré, avec la légèreté qui me caractérise, mon bagage de protections. Dans ce cas, ma situation devient limpide ; je suis saisi par ce dilemme peu attrayant, de quelque côté qu'on le retourne : me noyer dans le Manzanarès, manœuvre difficile vu qu'il est altéré en automne, comme le cerf des Psaumes, mais non impossible, ou regagner grand train le toit de mes pères. Je sais le sort qui m'y attend : *il a été vaqué à tout ce que dessus depuis ladite heure de neuf du matin*. . . . .

Assez, assez! En route, et à la garde de Dieu.

J'ai beau me donner des poussées, je n'avance guère. Enfin, Calle Mayor, nº 7. Nous y voici : une maison à trois étages ; au milieu du rez-de-chaussée, une allée avec porte cochère ; à droite, dans l'allée, une porte, celle du logement du concierge.

Regarder, c'est bien ; entrer, c'est essentiel. Entrons. D'abord, suis-je bien ? Il me semble que ma cravate est enroulée et que mon col fait un pli disgracieux : on peut bien réfléchir une seconde, la conjoncture est assez grave. Je suis sûr que mon patron s'impatiente, tire sa montre, et dit peut-être à ce moment précis : Cet animal est bien long à venir. Cet animal est comme Arnal dans je ne sais quelle scène : il voudrait bien s'en aller ; il pense avec terreur que son maître l'observe et le prend pour un amoureux en extase devant les fenêtres de sa belle ; il pense, avec un redoublement de terreur, que les voisins, le voyant passer et repasser sur le trottoir, le croient un voleur qui s'enquiert, pendant le jour, des moyens de pénétrer la nuit dans les habitations. Ni un amoureux, ni un voleur, simplement un ex-premier prix de discours français au lycée de ***, en quête d'une condition de valet.

Un effort, un seul, voyons! Ce sera sitôt fait! Droit à la porte. Qui vient sur moi ? le portier, ho !

Comment suis-je transporté dans la rue voisine, à

vingt-cinq pas de la maison ? Prodige de clown. Retourner? Non, je n'ai plus le courage d'affronter le terrible portier. Allons-nous-en, allons-nous-en, et cachons ma honte sous les ombres de la nuit.

IV

Le trembleur qui vient de raconter ses agissements lamentables dans le soliloque précédent, fit une bien sotte figure, lorsqu'il se retrouva en tête à tête avec lui-même, au logis ; la quantité d'injures dont il se gratifia ne tiendrait pas dans le vocabulaire d'une poissarde.

On m'appela pour le souper ; je n'avais pas, certes, envie de descendre et de montrer mon désespoir ; mais au temps où je dépensais l'âge superbe de la vingtième année, le grand ressort fonctionne de lui-même, la nature ne perd jamais ses droits, et trois verres d'absinthe vidés coup sur coup m'avaient creusé. Je mangeai et je bus, ce fut tout. Silencieux, farouche, je ne répondais aux questious que l'on m'adressait que par des monosyllabes jetés comme des os à des chiens errants.

— Qu'a donc Pablo ce soir ? demanda Dominique en regardant sa femme, et à moi-même :

— Êtes-vous malade ?

— Non, répondit pour moi Mme Juana, don Pablo

n'est pas malade; seulement il a reçu une bonne nouvelle. C'est ce qui le rend si gracieux; que serait-ce donc si la nouvelle était mauvaise?

Cela fut dit avec un sourire où perçait une intention méchante. Femme naturellement curieuse, elle me gardait rancune de lui avoir caché la bonne nouvelle apportée par Pierre.

Je ne répliquai point, et je pensais, non sans confusion, au parti que j'en avais su tirer.

J'allai me coucher, et je passai la nuit, fatigué d'insomnie, à exhaler mes plaintes : pourquoi n'étais-je pas resté dans mon pays? Plus ou moins heureux en France, je n'aurais pas connu du moins les soucis qui me rongeaient à l'heure présente; je n'y aurais jamais été réduit à l'extrémité où je m'étais mis, dénué de ressources à plus de trois cents lieues de chez moi. Demander de l'argent à mes parents, ils objecteraient que celui qu'ils m'avaient donné avait été dépensé bien promptement, et à quoi? Et s'ils m'en envoyaient, ce serait avec la condition expresse de revenir. Ainsi, à peine parti pour faire le tour du monde, la peur me prenait, et je m'en retournais à la maison, comme un petit garçon repentant de son escapade. Quelle honte! Mais ils ne m'enverraient rien. J'entendais d'avance mon père dire à ma mère : n'intercède pas pour lui, ce serait un mauvais service à lui rendre. Il a voulu manger de la vache enragée, qu'il s'en fourre jusque-là! A cette condition seulement, il nous reviendra plus sérieux qu'il n'est parti.

Un lourd sommeil s'ensuivit. Vers les neuf heures du

matin, la mère de Mme Juana, inquiète, vint frapper à ma porte, me demandant avec intérêt si j'étais malade. Je remerciai la brave femme de son attention. Pendant que je m'habillais, le souvenir des événements de la veille me sauta dans la cervelle ; j'éprouvai une douleur aiguë, comme si une lame de rasoir m'avait touché au cœur.

On me présenta le déjeuner de tous les jours, le même pour tous, une tasse de chocolat à l'eau, un petit pain français et un verre d'eau avec un azucarillo, petit pain de sucre soufflé, le tout sur un plateau ; j'oubliais la serviette frangée, grande comme un mouchoir de poche d'enfant.

Je repousse de la main ce repas d'oiseau, et je dis à voix haute :

— J'ai une longue course à faire aujourd'hui, je reviendrai tard ; servez-moi un repas copieux de viande et de vin.

— Vamos ! (allons !) s'écrie la vieille bonne femme joyeuse. Je suis contente de vous voir si bien disposé.

Je déjeune comme deux, je bois mon litre de vin noir espagnol, si fort, j'avale une bonne tasse de café, et je pars d'un pas ferme ; il est dix heures. Je marche avec une idée fixe, une seule, pas d'autre ; je ne veux penser ni à droite ni à gauche, de peur de subir l'énervement des pensées décourageantes. J'enfile la Calle Mayor et l'allée du no 7. Le portier de la veille paraît sur le seuil de sa loge ; il n'a pas l'air de vouloir manger les petits enfants ni les domestiques sans place.

Je vais droit à lui, et, portant la main au chapeau :

— M. Rivaltos, s'il vous plait?

— Au premier, Monsieur.

— Merci.

Le premier était clos par une porte massive ornée de dessins en têtes de clous énormes ; un judas grillé en occupait le milieu à hauteur des yeux.

Je sonne, une petite porte derrière la grille s'ouvre, une tête de femme apparaît, et j'entends ces mots :

— Que voulez-vous?

— Je voudrais parler à M. Rivaltos,

On m'introduit. J'ai devant les yeux une jeune fille qui peut avoir vingt-cinq ans, aux grosses lèvres et au nez lourd, visage massif, éclairé par de grands yeux noirs ; il en sort une voix douce qui me demande quelle visite elle doit annoncer.

Je réponds que je viens m'offrir pour un emploi de domestique.

La jeune fille sourit imperceptiblement et me dit : — Attendez. Puis elle disparaît dans un corridor tournant.

Je suis ému, mon cœur bat avec force, soutenu par le gros vin d'Espagne. Du reste, je n'ai pas le temps de raisonner ma peur : la servante, qui a un tablier de cuisinière et qui l'est en effet, reparaît et me fait signe de la suivre.

Nous arrivons à une porte ouverte , mon guide s'efface, je fais deux pas, et je me trouve au milieu d'un cabinet de travail simplement meublé. Je vois quelqu'un assis devant une table encombrée de papiers, je ne distingue que son profil, mais il se retourne, et je salue : c'est le maître.

Le senor Rivaltos, âgé de quarante-cinq ans, était petit. Son visage pâle, entièrement rasé, d'une couleur brune et maladive, se composait de traits réguliers et fins ; sa physionomie était douce et distinguée ; il me plut tout d'abord, la sympathie me gagna, et je fus aussitôt réconforté.

— Vous êtes Français? dit-il, après m'avoir dévisagé.

— Oui, Monsieur.

— Vous avez déjà servi?

Sa question ne me surprit pas, je m'y attendais, et j'avais préparé mon petit mensonge, que je débitai les yeux baissés :

— Oui, Monsieur, j'ai été domestique en même temps que petit clerc chez un huissier ; je servais tout le monde, je faisais les courses pour l'étude, et entre temps j'étais employé à des écritures, à des copies d'actes, de sorte que je parle et écris assez correctement ma langue.

Cette indication dernière fait impression sur son esprit ; je m'en aperçois au silence qui suit sa réponse.

— Avez-vous des certificats?

— Non, Monsieur, mais j'ai pour répondants M. et Mme Monte, merciers, calle de la Montera, qui donneront des renseignements favorables sur moi, si Monsieur veut se donner la peine de les faire prendre.

— Pourquoi avez-vous quitté votre pays?

— Pour voyager et apprendre en voyageant.

Il se lève, ouvre une porte, et, sur un signe, je pénètre à sa suite dans un vaste salon meublé à l'antique et sobrement éclairé par deux fenêtres.

Une femme encore jeune, mais dont le visage altéré dénotait une souffrance sécrète, travaillait à un ouvrage de femme près d'une croisée ; un jeune garçon de quatorze à quinze ans était assis sur un tabouret à ses pieds.

— Voici un jeune homme, dit le père, qui se présente pour remplacer Luiz ; il est Français, te convient-il ?

— Oui, répond Madame d'une voix lente, s'il te convient ; as-tu de bons renseignements sur lui ?

— Je les prendrai aujourd'hui même.

— Donnez-moi l'adresse des gens qui vous recommandent (il l'écrivit au crayon). Demain vous aurez ma réponse, vous la trouverez chez eux. Les gages sont de cinquante douros, cela vous va-t-il ?

— Oui, Monsieur.

Il sonne, la personne qui m'a introduit ouvre la porte.

— Reconduisez, dit-il.

Je salue et je me retire. La cuisinière me dit avec une familiarité amicale :

— Eh ! bien !

— Je ne sais pas. Demain je serai fixé.

— C'est une bonne maison où les domestiques ne sont pas molestés. Je désire pour vous que vous puissiez y entrer.

— J'ai bon espoir.

— Tant mieux.

— Bonjour, Mademoiselle.

— Bonsoir, Monsieur, ou plutôt au revoir.

— Vous êtes bien bonne.

Cette démarche si laborieuse fut suivie d'un soulagement immédiat : j'étais satisfait de l'avoir entreprise, de l'énergie relative que j'avais enfin montrée, et du résultat que j'entrevoyais au bout des efforts auxquels était suspendue mon existence matérielle ; pensée consolante qui chassait les soucis, car la réussite dépendait de ce que dirait de moi Mme Monte, et de ce côté-là j'étais tranquille.

J'allai lui raconter mon entrevue ; j'en reçus de bonnes promesses. Le lendemain, à deux heures, à ma quatrième visite de la journée, dès que je parus :

— Vous êtes reçu, s'écria-t-elle, contente.

— Ah ! on est venu enfin ?

— Oui, le Monsieur ; je lui ai dit ce que j'avais à dire, et comme vous lui convenez, c'est une affaire conclue. Demain vous commencerez. J'écrirai aujourd'hui même à Mme Cosmès pour lui annoncer que son protégé est placé et bien placé.....

Mme Monte s'arrêta étonnée en voyant mes traits se contracter à ces derniers mots ; rien, en effet, ne pouvait m'être plus douloureux que de savoir informée Mme Cosmès, et par elle mon ami et collègue Gabert, du succès final de mes conceptions gigantesques. Quelle quantité de brocards aiguiseraient l'esprit des jeunes clercs de notaire dans les études d'Orléans ! Dans ce temps-là je ne craignais pas beaucoup le bon Dieu, mais je craignais le ridicule.

Mme Cosmès reçut la nouvelle de mon entrée en condition et resta bouche close sur ce sujet ; elle se serait bien gardée d'avouer qu'elle aussi avait été trompée dans l'espoir qu'elle et son mari avaient conçu de ma fortune.

J'expliquai par un accès de migraine la crispation de ma physionomie, et Mme Monte reprit :

— Maintenant, mon cher garçon, je vous engage à faire tous vos efforts pour contenter vos maîtres. Vous entrez dans une bonne maison, à ce que j'ai entendu dire, chez des braves gens. Il faut y rester. Madame a perdu sa fille l'année dernière, elle ne peut s'en consoler; ils n'ont plus qu'un fils, celui que vous avez vu. Soyez obéissant et empressé.

Je lui répondis : — Madame, vous avez été très bonne envers l'étranger, et il est reconnaissant; il suffit que vous m'ayez recommandé, pour que je me gouverne de manière à ce que vous ne receviez pas de reproches à cause de moi. Je vous remercie de tout mon cœur de vos bontés.

— Vous viendrez me dire comment vous vous trouvez.

Je saluai, et je partis. Il faisait un très beau temps, je voulus jouir pleinement de mes dernières heures de liberté. Je déjeunai dans un cabaret près du Prado, et je finis la journée sous les ombrages du Buen-Retiro.

Cette soirée était pour moi une date mémorable. Comme un faîte de montagnes où prennent naissance deux fleuves aux courants opposés, elle était dans ma pensée la ligne de partage de ma destinée en deux versants bien différents l'un de l'autre, le passé et l'avenir. Ma première jeunesse n'était plus qu'un songe emporté par ma mémoire au-delà des monts. Une nouvelle jeunesse, étrange à son début, se levait dans le crépuscule de l'ancienne. Quelle serait-elle?

V

Je ne savais comment annoncer à la famille Forfer ce changement de rôle et de décor dans la comédie de ma vie, j'avais honte; d'un autre côté, le mensonge me répugnait, je ne sais pas mentir. De ce que je connaissais du caractère de mon compatriote, j'augurai qu'il accepterait la chose comme une excentricité plaisante sur laquelle il égrènerait quelques-uns de ces rires perlés dont il avait le secret. Cette dernière considération me décida. A souper, je dis d'une voix assurée :

— Dominique, je vais vous quitter.

— Ah! pourquoi?

— J'ai trouvé un emploi.

— Lequel?

— Domestique.

— Qu'est-ce que vous dites?

— Je dis qu'à compter de demain je remplirai les fonctions d'un fidèle domestique.

— Quelle blague!

— Ce n'est pas une blague.

— Vous plaisantez?

— Je n'en ai pas envie.

— Vous, domestique!

— Moi-même.

Il éclata de rire, sa femme aussi ; et, faisant claquer ses doigts :

— Ah! j'y suis, s'écria-t-il, vous faites le modeste, mon cher, c'est secrétaire que vous voulez dire?

— Non, domestique, valet, vous dis-je.

— Secrétaire de quel ministre?

— Domestique d'un bourgeois.

— Allons donc!

— C'est comme cela.

— Laissez-moi rire un peu, je vous en prie.

— Il n'y a pas de quoi pleurer, riez donc.

— Drôle d'idée!

— Ma foi, l'idée n'est pas si mauvaise; elle me procure le pain qui m'est nécessaire pour ne pas mourir de faim.

— Mon cher ami, vous n'en avez pas pour huit jours, d'un pareil métier; vous n'y resterez pas.

— Si.

— Non.

— Le moyen de faire autrement?

La mère de Mme Juana intervint :

— Vous avez raison, don Pablo ; la détermination que vous avez prise a mon approbation et mon estime. C'est bien, c'est beau, c'est montrer du cœur.

— Oh! Madame, du ventre tout au plus ; l'homme s'agite et la nécessité le mène.

Mme Forfer s'adressant à moi :

— Chez qui entrez-vous, don Pablo ?

— Chez M. Rivaltos.

— Rivaltos ? mais nous le connaissons de nom, n'est-ce pas, maman ?

— Un homme un peu petit ? demanda la mère.

— Oui, Madame.

— Ils n'ont qu'un garçon ; ils ont perdu, l'année dernière, une fille déjà grande ?

— C'est cela.

— Oui, je les connais, ils ont une maison à Salamanque et de grandes propriétés aux environs. Tous les ans, au printemps, ils y vont passer l'été. Vous serez bien chez eux. Combien vous donne-t-on ?

— Cinquante douros ; c'est peu.

— Oui, mais vous serez augmenté si l'on est content de vous.

— Vous savez, je prends ce que je trouve ; il n'est pas dit que je reste domestique indéfiniment.

— Étonnant, étonnant ! dit Forfer. Ce sera à pouffer de rire de vous voir en tablier, avec un plumeau à la main.

— Je préfère vous faire rire, vous et un ou deux plaisants, que de faire pleurer ou grincer des dents des fournisseurs que je ne pourrais pas payer.

— Bravo ! s'écria l'anciana (vieille femme).

Il me parut que la mère de Mme Forfer n'était pas très satisfaite de son gendre. En effet, il avait sorti toute la famille de son pays, où chacun de ses membres vivait peu ou prou de son état ; et je ne sais avec quelle intention, en tout cas bien peu réfléchie; il l'avait entraînée à Madrid, où elle était à sa charge, et la gêne commençait à se faire sentir dans le ménage par suite des dépenses désordonnées du chef.

— Eh bien! repris-je, puisque à votre point de vue, Monsieur Forfer, je doive être déshonoré de me mettre en service, avez-vous un autre emploi plus décent à me proposer? Je ne demande pas mieux que d'échanger mon tablier contre un baudrier doré.

Dominique n'eut pas le temps de répondre; sa belle-mère lui coupa la parole.

— Ne l'écoutez pas, don Pablo, il ne vous trouvera rien. Prenez d'abord ce qui se présente; après, vous verrez.

— L'emploi de croupier, j'y pense, n'est point à dédaigner. Avec des protections, on pourrait...........
.... Certaines maisons de jeu donnent à ces utiles auxiliaires jusqu'à 400 fr. par mois.

— Oh! fi!

— J'aurais encore la ressource de métiers inavouables dont vivent agréablement pas mal d'étrangers, déclassés comme moi, mais tarés, Français, Italiens, Suisses, etc. N'appuyons pas. Il y a aussi les métiers honnêtes et de meurts-de-faim, commissionnaires, décrotteurs et autres: que vous en semble? Après tout, mon malheur n'est pas un fait isolé. On a vu des gentilshommes de haut parage ruinés descendre, hors de France, aussi bas que moi et plus bas encore; ils ont dû mettre sous leurs pieds le triple orgueil de l'éducation, du rang, de la race. Raousset-Boulbon, qui devint portefaix, raconte dans une lettre qu'à San-Francisco le comte de... repassait des chemises comme une blanchisseuse, le marquis de... était garçon d'hôtel, le duc de.... décrottait au coin d'une rue. Le porteur d'un des plus grands noms de France est concierge dans un lycée que je pourrais citer. Et tant d'autres exemples d'adversité! Justement il me revient un souvenir lointain, qui va fortifier ma résignation. — La défaite de don Carlos jeta en France un nombre considérable de ses soldats, la plupart privés de ressources; on les secourut, mais leur exil se prolongeant, il leur fallut travailler. Le pensionnat où j'ai commencé mes études en reçut deux, dont l'un était de bonne maison, instruit et *officier*. Quel fut leur emploi, qu'ils gardèrent un an? *Domestique* ! J'étais, moi, le Benjamin de Juan Ramirès, l'officier; il me portait dans ses bras, m'embrassait, ravi de mon enthousiasme déjà développé pour les grandes choses. Un jour, méchant enfant, je lui adressai une injure tirée de la bassesse de sa condition. Le pauvre exilé pleura. Et voyez! à mon tour je bois l'aigre breuvage dont il n'a pu se détourner. Qu'est-il devenu? officier supérieur. S'il vit, car il n'a pas encore quarante ans, je voudrais bien le retrouver..... Finissons en et réglons nos comptes. Vous, Monsieur Dominique Forfer, qui me persifflez au lieu de me consoler, Dieu veuille que vous ne soyez pas forcé un jour de faire un plongeon dans le genre du mien!

Les comptes réglés, je me levai et saluai les dames. Comme je passais la porte, j'entendis Forfer disant à sa femme :

— Le pauvre garçon, le voilà valet! Ce qu'on devient!

Et moi je pensai aussi :

— Le pauvre garçon, le voilà ruiné! que va-t-il devenir?

VI

C'était le 18 novembre, un jeudi. Ma malle était prête, le commissionnaire que j'avais requis se préparait à la charger; les femmes m'entouraient tristement. J'embrassai les deux sœurs; la mère n'attendit pas, elle se jeta à mon cou en me recommandant de ne pas me laisser abattre.

— J'irai vous voir, ajouta-t-elle, pour vous remonter si l'ennui vous gagne.

— Madame, venez me voir souvent, vous me ferez grand plaisir.

Telle celle-ci, telle Mme Monte, tel l'habitant des Castilles, sincère, sérieux, fidèle à ses usages, à ses croyances, serviable avec bonhomie, dévoué avec persévérance. Lorsque son affection s'attache à quelqu'un, c'est à jamais. D'autres lui reconnaîtront des défauts, j'ignore s'il en a, je n'en veux rien savoir. Pour ce qui est de la mémoire, j'ai le tempérament de Mme de Sévigné, son influence me frappe au-delà de la raison. J'aime de l'Espagne jusqu'à ses verrues, comme Montaigne aimait Paris, et je craindrais, en trouvant tachée d'ombres la perspective ensoleillée de mes souvenirs espagnols, de voir ma vie passée flétrie dans sa fleur.

Mes adieux sont finis, je pars. En chemin, le commissionnaire, homme âgé, me demande ce que je fais; je le lui dis ; aussitôt il se recommande à mon obligeance, lorsque la maison aura des commissions ou des colis à faire porter. Il me vient cette réflexion dépouillée d'orgueil : déjà en butte aux demandes des solliciteurs, inconvénient des grandeurs!

Une autre servante que celle de la veille m'introduit dans le vestibule : figure chiffonnée, ni laide, ni jolie. Celle-ci est la femme de chambre ; elle me demande :

— Vous êtes le domestique qu'on attend ?

— Oui, Mademoiselle ; voulez-vous avoir la bonté de prévenir Monsieur que je suis arrivé ?

— Tout de suite, fait-elle gracieuse.

La cuisinière, ma première connaissance, montre sa tête un peu sauvage; elle fait un salut très affable et me demande des nouvelles de ma santé.

La femme de chambre revient ; les deux filles s'empressent autour de moi ; elles sont toutes deux enchantées, cela se voit, d'avoir un Français pour collègue car leur curiosité a un aliment de plus. A cette époque, les Français étaient rares dans le centre de l'Espagne, même à Madrid ; j'étais étranger, je parlais une autre langue, je venais de loin, de Paris, je pouvais raconter tant de choses nouvelles à ces ignorantes! Enfin, j'avais des manières polies qu'elles n'avaient jamais vues parmi les gens de leur condition.

Elles m'apprennent que les domestiques sont au nombre de quatre, un cocher que je ne connais pas encore, et moi ; que celui que je remplace était un tout jeune homme, parti pour Barcelone avec un nouveau maître ; ceux qui vont être les miens sont très bons ; le service est facile, les domestiques sont grondés rarement.

Comme ce dernier renseignement adoucissait l'amer commencement de ma servitude ! La veille, je m'étais tracé une ligne de conduite que mon caractère peu liant rendait facile à suivre : ne pas être obséquieux avec les maîtres, être réservé avec les inférieurs, pour gagner le respect des uns et des autres ; éviter de donner prise aux reproches, pour conserver le respect de mon individualité ; FAIRE MON DEVOIR envers tous et envers moi-même.

On entend des pas dans le corridor ; la femme de chambre détale, le maître survient.

— Vous voilà ? Bien, dit-il.

Puis à la cuisinière :

— Catalina, où est le costume de Luiz ? Apportez-le.

Un frisson me secoue de la tête aux pieds. J'en étais sûr ! Et, malheur aggravé, porter les habits d'un autre, d'un inconnu, d'un...... Quelle épreuve !

— Au fait, reprend-il, ils seraient trop courts ; donnez seulement le chapeau et la casquette.

Je respire, et je pense : Va, ma fille, va chercher le chapeau et la casquette du jeune larbin ; si ses habits sont trop petits, ses coiffures seront trop grandes, je suis sauvé, j'aurai du neuf.

Je comptais sur la petitesse de ma tête ; hélas ! les deux coiffures se moulent sur mon chef comme si on les avait commandées pour moi ; je les ôte vivement avec des marques non équivoques de répulsion, en me jurant *in petto* que je ne les remettrai pas à mon front avant d'en avoir renouvelé l'intérieur.

Le patron me fait signe de le suivre ; nous nous arrêtons dans son cabinet. Il trace quelques lignes sur une feuille de papier qu'il me donne ouverte.

— Allez de suite, dit-il, chez mon tailleur, à l'adresse que voici, vous faire prendre mesure d'un costume ; au retour, vous viendrez ici, j'ai à vous parler.

Ce tailleur était un homme gros, gras, et portant gravé dans les coins de sa bouche poussive l'orgueil grossier des parvenus. Dès qu'il eût pris connaissance de la lettre, sa main s'abattit sur mon épaule et me poussant vers une arrière-boutique :

— Entre par ici, mozo (garçon), dit-il.

Au lieu d'avancer, je reculai de trois pas et je restai planté, les yeux fixés sur lui.

— Mais, entre donc, voyons ! répéta-t-il.

— Monsieur, répliquai-je avec dignité, mon maître ne me tutoie pas, vous plairait-il de l'imiter ?

Le *ripaton*, interloqué, prit un air de tête imposant, me considéra avec une surprise mélangée de colère, et d'un ton plus adouci :

— Vous êtes Français ?

— Oui.

— Entrez, on va vous prendre mesure.

L'opération finie sans qu'il eût été échangé d'autres

paroles, je saluai et je m'en fus, disant dehors : Je l'ai accommodé à la sauce piquante, ce gros pois-chiche. Quand nous aurons gardé les moutons ensemble, moi comme berger et lui comme un chien qu'il est, je lui permettrai de me manger dans la main, pas avant.

VII

A mon retour, le patron m'interpelle :

— Je me souviens que vous m'avez dit l'autre jour que vous aviez appris votre langue maternelle. Seriez-vous capable de l'enseigner un peu ?

— Oui, Monsieur, je le crois.

— J'ai toujours eu l'intention de faire apprendre le français à mon fils. Comme il est encore très jeune, j'attendais ; mais puisque j'ai à mon service un domestique français qui a fait quelques études, je veux que son instruction dans cette langue commence dès aujourd'hui. Prenez ces deux douros, et achetez de suite une grammaire et les autres livres nécessaires. Vous donnerez à mon fils une leçon le matin, une le soir ; vous aurez tout le temps qu'il vous faudra. Voici ce que vous aurez à faire chaque jour : brosser les effets d'homme, cirer les chaussures, accompagner mon fils deux fois par jour au collége et retourner le chercher, lui donner des leçons de français dont je viens de parler, faire les courses, et donner à temps perdu un coup de main aux filles. Allez..... Votre nom ?

— Pablo, Monsieur.

— Allez, Pablo, acheter ces livres. Si je suis content de vous, je n'en resterai pas là pour les gages.

L'empressement de M. Rivaltos à faire commencer à son fils l'étude de ma langue était de bon augure. Lui aussi était enchanté d'être tombé sur un domestique français assez instruit et bien recommandé. Mon initiation n'avait jusque-là rien de bien désagréable ; cependant, je regrettais de tout mon cœur de n'avoir pas été consulté par mon patron sur le choix des travaux manuels auxquels j'allais être assujetti. Monsieur, lui aurais-je dit, un ouvrage fait sans goût n'est jamais un bon ouvrage; c'est manquer de jugement que de n'en pas convenir. Or, si j'accepte avec plaisir les fonctions de commissionnaire, — parce que, voyez-vous, les courses c'était mon triomphe quand j'étais dans la basoche, — je vous avoue que je n'aurai point d'ardeur à brosser les habits, et surtout que le feu sacré me manque absolument pour donner aux chaussures ce brillant qui est leur plus bel ornement.

J'allais sortir, Josefa la femme de chambre me dit : Attendez, vous allez accompagner le jeune maître au collége carrera San-Jeronimo.

L'enfant n'était pas développé du corps ; il était maigre, pâle, mais sa résolution relevait sa physionomie, et l'énergie se lisait au fond de ses yeux noirs. Nous marchons de front, un moment muets tous deux ; tout-à-coup le jeune homme lève la tête et s'écrie :

— Vous êtes Français ?

— Oui, Monsieur.

— Je déteste les Français.

Je fronce les sourcils et je lui dis en français, penché sur sa figure :

— Petit morveux !

— Que dites-vous ?

Alors, moi, en Castillan :

— Pourquoi, don Felipe ?

— Parce qu'ils sont méchants et qu'ils ont fait beaucoup de mal à mon pays.

— Mais ceux-là sont morts, et moi je ne suis pas venu pour vous faire du mal ; au contraire, je voudrais rendre à vos compatriotes le bien que j'en ai reçu partout. Vous n'aimez pas les Français, don Felipe, parce que vous ne les connaissez pas ; ils sont loin d'être méchants. Quant à moi, j'aime beaucoup les Espagnols.

Ces paroles conciliantes firent impression sur sa jeune âme ouverte aux sentiments généreux ; trop au-dessus de moi pour me témoigner ses regrets d'avoir dit une sottise, il me fit sur un ton amical beaucoup de questions au sujet de la France, lesquelles, entre plusieurs enfantines, avaient une portée d'esprit au-dessus de son âge. Lorsque je le laissai au parloir du collége, il me dit gentiment :

— A bientôt, Pablo ; vous viendrez me chercher?

Après avoir acheté des livres franco-espagnols, mes yeux tombèrent sur ma malle, dans le vestibule.

— Catalina, dis-je à la cuisinière, voulez-vous m'indiquer ma chambre et m'aider à porter ma malle ?

Catalina détacha une clef et me dit en riant :

— Votre malle ne me paraît pas bien lourde, vous pourriez bien la porter tout seul. Vous n'êtes donc pas fort ?

— C'est juste, fis-je déconcerté. C'est mon métier d'être fort. Je sautai sur ma malle, et d'un seul effort je la chargeai sur mon épaule.

— Pas fort, moi ? répliquai-je. Allons ! Mademoiselle, passez devant.

— Donnez un bout, je vais vous aider.

— Non.

— Si.

— Non.

— Si, voyons !

— Non, vous dis-je, pas fort, moi ?

Je monte, derrière elle, jusqu'au quatrième étage, espèce de grenier dans lequel plusieurs petites chambres étaient construites.

Je m'étais vanté de ma force un peu trop vite ; en gravissant les marches une à une, flageolant, le dos courbé, je murmurais en bon français : Sacrebleu ! si je devais un jour travailler des reins plus que de la tête, il était nécessaire que mes parents me fissent exercer à porter des fardeaux dès mon bas âge, plutôt que de m'envoyer dans les colléges traduire Ποδας οχυς Αχιλλευς

Catalina ouvre la première chambre près de l'escalier. Je dépose la malle dans une pièce dont le mobilier se composait d'un lit fort simple, d'un petit meuble et d'une chaise, le tout vermoulu ; un miroir cassé pendait à la croisée, laquelle donnait sur une cour ; une paire de draps pliés était posé sur le lit.

Catalina me dit, toujours souriante :

— Je vais faire votre lit.

— Ce n'est pas la peine, je le ferai bien moi-même.

— Puisque je suis là !

Je m'assieds et je la regarde travailler, très content au fond de sa proposition. N'ayant jamais remarqué comment se faisait un lit et obligé dès lors de ne compter que sur moi pour ce travail de ménage, comme bien d'autres, sans que Catalina s'en doute je prends une leçon.

Dans mon lit, il y avait une paillasse à moitié pleine, non de paille mais de poussière de paille, un mince matelas, et une seule couverture de coton usée. Les draps, grossiers, étaient en bon état.

Tel était le logis que j'allais habiter la nuit, tout l'hiver..

Catalina me demanda si j'en étais satisfait. Je lui répondis que chez mon père je couchais dans l'écurie des moutons, sur un cadre, en compagnie desdits moutons, de deux chèvres et d'un bouc qui sentait beaucoup plus fort que la rose mais beaucoup moins bon, et que ces souvenirs, surtout le dernier, me faisaient considérer mon nouvel appartement comme un boudoir.

Nous entrons dans la cuisine, assez grande pièce avec deux fenêtres. La cheminée et son foyer commençaient à la hauteur de la ceinture, comme dans toutes les cuisines espagnoles.

Je demande à la cuisinière si je puis lui être de quelque utilité ; elle pénètre dans un cabinet à côté, correspondant plus loin avec sa chambre à coucher, et en sort avec un linge blanc plié qu'elle me présente. Je le déplie : c'est un tablier.

Je le passe autour de mon cou, je le noue sur le ventre, et un peu gauche, un peu emprunté d'abord dans cet accoutrement, aux ordres de Catalina je monte du bois, du vin, etc.

Tout cela va fort bien sans sortir de la maison, mais il me faut aller chez le charcutier acheter un morceau quelconque.

VIII

Aller chez le charcutier, ce n'est pas bien malin. Il n'est pas mal de chiens dressés qui s'acquittent de commissions semblables, mais les antécédents !

Mon premier mouvement est d'ôter mon tablier, c'est instinctif ; mon second mouvement, plus réfléchi, me le fait garder, de peur de provoquer l'étonnement de la cuisinière. Je descends et je m'arrête ; le corps en dedans de la porte, le cou allongé en dehors, je regarde à droite et à gauche avec une attitude effarée. Ma grande frayeur est de rencontrer Dominique. Tout passant, c'est lui, et je me rejette en arrière. Cependant mon hésitation ridicule ne peut durer. O misères de l'éducation !

Je me lance dans la rue, la tête basse, le regard à terre, décidé à être plus sourd qu'un mort si l'on m'appelle, les joues empourprées de honte, tel qu'un criminel qui traverserait, entre deux gendarmes une foule hostile.

Il y a deux femmes dans la boutique du charcutier, la marchande à son comptoir, et une pratique. J'examine en-dessous cette dernière. Qu'est-ce que c'est, que cette femme là ? Ne me connaîtrait-elle point ? Et n'allait-elle pas raconter à Forfer qu'elle m'a vu comme ci, comme ça ?

La pauvre femme ne me fait même pas l'honneur de m'accorder son attention ; servie, elle sort ; mon tour arrive.

— Madame, dis-je, je viens de la part de la cuisinière de M. Rivaltos vous demander une livre de chorizo (saucisson fumé).

— Vous êtes domestique là-dedans ? répondit la charcutière.

— Oui, Madame.

— Mais vous n'avez pas le costume de la maison ?

— Je n'y suis que d'aujourd'hui, mes habits ne sont pas prêts encore.

— Ah !

Elle ne me servait pas. Ma contenance embarrassée lui inspirait des soupçons qui n'étaient pas en ma faveur. Je devinai son indécision offensante, et tout de suite :

— Je vais vous payer, Madame, si vous ne vous en rapportez pas à moi.

— Non, non, fit-elle d'un air contraint.

Je sors. Au tournant de la rue, je me retourne, de sa porte la charcutière me suivait du regard. La brave dame m'avoua plus tard qu'elle m'avait trouvé la mine si troublée et si déconfite, qu'elle avait cru que la police était à mes trousses.

L'heure vint d'aller prendre le jeune Philippe à sa pension ; nous revînmes en causant comme des camarades.

Les maîtres dînaient à une heure, et nous une heure plus tard. Ici apparaît la sobriété espagnole : une soupe au safran, le *puchero* (pot au feu), les inévitables garbanzos, la salade noyée d'eau, des pâtisseries et des légumes confits ; le soir, un rôti desséché, un plat de légumes, le même dessert. Les mets étaient peu variés, le lard et le pois-chiche faisaient le fond de la nourriture.

La desserte nous alimentait. Nous avions droit à un litre de vin par repas, pour quatre. C'était suffisant ; en Espagne on ne mélange pas l'eau avec le vin ; l'eau commence, et le vin finit chaque repas.

Nous étions à table lorsque le cocher entra, garçon de trente ans, vigoureux, un peu rustique, ne causant guère, au demeurant bon enfant. Il ne venait à la maison qu'aux heures des repas, et couchait au-dessus de son écurie. Je me levai ; il serra ma main, esquissa un sourire, et s'assit.

Les servantes lui avaient dit de moi ce qu'elles en savaient : pas grand'chose. Je mettais dans mes réponses un ton froid, qui ne les encourageait guère à me questionner. Informés par moi que j'allais donner des leçons au jeune maître, l'étonnement de tous fut prodigieux. Domestique et précepteur ! Il y avait dans l'accouplement de ces deux fonctions un mystère qui intriguait fort. On me questionna de nouveau sur mon passé ; je ne répondis que par des sourires ambigus ; on ne sut rien, et l'ombre dans laquelle je m'enveloppai me fit valoir au point d'inspirer envers moi une considération relative.

A ce dîner j'appris que Miguel, le cocher, était de Tolède, et avait servi dans la cavalerie ; que Catalina était venue de la Galice, le pays des *Maragatos*, les Auvergnats de l'Espagne, et que Josefa était sortie d'Aranda del Duero et de l'échoppe d'un savetier.

Ainsi se passa mon premier repas dans la domesticité, avec des gens simples et bons, qui ne se doutèrent pas, en me voyant récurer mon assiette avec du pain et m'essuyer la bouche du revers de la main après avoir bu, combien la confusion du bouillon gras avec les sauces maigres m'était désagréable, et la privation de serviette sensible.

A la nuit tombante, pour répondre à l'impatience de M. Rivaltos, je donnai la première leçon de français. J'avais appris la langue anglaise par la méthode Robertson. Cette méthode m'avait paru bonne et facile à enseigner, je m'en servis pour mon enseignement.

L'exemple choisi par l'auteur espagnol, à l'imitation de l'auteur anglais, était un passage de *Gil-Blas* spirituel et ingénieux, qui me séduisit par la concordance du sort de Zéangir et de Gil-Blas avec le mien, et qui, par conséquent, pouvait devenir un jour une leçon indirecte donnée à mon maître, s'il laissait trop longtemps le professeur de son fils aux appointements de vingt francs par mois.

Voici ce conte :

« Lorsque le roi était à l'Escurial, il y défrayait tout le monde, de manière que je ne sentais point la misère. Je couchais dans une garde-robe, auprès de la chambre du duc.

« Le ministre, un matin, s'étant levé comme à l'ordinaire, au point du jour, me fit prendre quelques papiers avec un écritoire, et me dit de le suivre dans les jardins du palais.

« Nous allâmes nous asseoir sous des arbres où je me mis, par son ordre, dans l'attitude d'un homme qui écrit sur la forme de son chapeau, et lui, il tenait à la main un papier qu'il faisait semblant de lire.

« Nous paraissions de loin occupés d'affaires fort sérieuses, et, toutefois, nous ne parlions que de bagatelles, car Son Excellence ne les haïssait point.

« Il y avait plus d'une heure que je la réjouissais par toutes les saillies que mon humeur enjouée me fournissait, quand deux pies vinrent se poser sur les arbres qui nous couvraient de leur ombrage.

« Elles commencèrent à caqueter d'une façon si bruyante, qu'elles attirèrent notre attention. — Voilà des oiseaux, dit le duc, qui semblent se quereller. Je serais assez curieux de savoir le sujet de leur querelle.

« — Monseigneur, lui dis-je, votre curiosité me fait souvenir d'une fable indienne que j'ai lue dans Pilpaï, ou dans un autre auteur fabuliste.

« — Le ministre me demanda quelle était cette fable, et je la lui racontai dans ces termes :

« Il régnait autrefois, dans la Perse, un bon monarque qui, n'ayant pas assez d'étendue d'esprit pour gouverner lui-même ses États, en laissait le soin à son grand vizir. Ce ministre, nommé Atalmuc, avait un génie supérieur. Il soutenait le poids de cette vaste monarchie, sans en être accablé; il la maintenait dans une paix profonde; il avait même l'art de rendre aimable l'autorité royale en la faisant respecter, et les sujets avaient un père dans un vizir fidèle au prince.

« Atalmuc avait parmi ses secrétaires un jeune Cachemirien appelé Zéangir qu'il aimait plus que les autres. Il prenait plaisir à son entretien, le menait avec lui à la chasse et lui découvrait jusqu'à ses plus secrètes pensées.

« Un jour qu'ils chassaient ensemble dans un bois, le vizir, voyant deux corbeaux qui croassaient sur un arbre, dit à son secrétaire :

« — Je voudrais bien savoir ce que ces oiseaux se disent en leur langage.

« — Seigneur, lui répondit le Cachemirien, vos souhaits peuvent s'accomplir.

« — Et comment cela? reprit Atalmuc.

« — C'est, répartit Zéangir, qu'un derviche cabalistique m'a enseigné la langue des oiseaux. Si vous le souhaitez, j'écouterai ceux-ci et je vous répéterai mot pour mot ce que je leur aurai entendu dire.

« Le vizir y consentit. Le Cachemirien s'approcha des corbeaux et parut leur prêter une oreille attentive, après quoi revenant à son maître :

« — Seigneur, lui dit-il, le croiriez-vous ? nous faisons le sujet de leur conversation.

« — Cela n'est pas possible ? s'écria le ministre persan, et que disent-ils de nous ?

« — Un des deux, reprit le secrétaire, a dit : « Le voilà lui-même, ce grand-vizir Atalmuc, cet aigle tutélaire qui couvre de ses ailes la Perse comme son nid, et qui veille sans cesse à sa conservation. Pour se délasser de ses pénibles travaux, il chasse dans ce bois avec son fidèle Zéangir. Que le secrétaire est heureux de servir un maître qui a mille bontés pour lui. »

« — Doucement, a interrompu l'autre, doucement : Ne vantez pas tant le bonheur de ce Cachemirien. Atalmuc, il est vrai, s'entretient avec lui familièrement, l'honore de sa confiance, et je ne doute pas même qu'il n'ait dessein de lui donner quelque jour un emploi considérable, mais avant ce temps-là Zéangir mourra de faim. Ce pauvre diable est logé dans une petite chambre garnie où il manque des choses les plus nécessaires. En un mot, il mène une vie misérable, sans que personne s'en aperçoive à la Cour. Le grand-vizir ne s'avise pas de s'informer s'il est bien ou mal dans ses affaires, et content d'avoir pour lui de tendres sentiments, il le laisse en proie à la pauvreté.

« Je cessai de parler en cet endroit pour voir venir le duc de Lerme, qui me demanda en souriant quelle impression cet apologue avait faite sur l'esprit d'Atalmuc, et si ce grand-vizir ne s'était point offensé de la hardiesse de son secrétaire.

« — Non, monseigneur, lui répondis-je, un peu troublé de sa question : la fable dit au contraire qu'il le combla de bienfaits.

« — Cela est heureux, reprit le duc, d'un air sérieux. Il y a des ministres qui ne trouveraient pas bon qu'on leur fît des leçons. Mais, ajouta-t-il, en rompant l'entretien et en se levant, je crois que le roi ne tardera guère à se réveiller ; mon devoir m'appelle auprès de lui.

« A ces mots, il marcha vers le palais, à grand pas, sans me parler davantage, et très mal affecté, à ce qu'il me semblait, de ma fable indienne. »

IX

— C'est bien, dit le père, assez pour aujourd'hui ; je crois que vous serez à la hauteur de mon désir. Retournez à la cuisine.

Le professeur s'évanouit, et le domestique reprit le chemin de l'office. Déchu de son rang, il lui restait des motifs de consolation : il était dispensé d'une partie du service intérieur ; son enseignement était goûté ; au salon aussi bien qu'à la cuisine, on lui donnait des marques de sympathie ; les abords de la carrière, que de loin il croyait insurmontables, étaient aplanis comme à plaisir par les hommes et les choses, et sa nature excentrique, à qui répugnaient les côtés sérieux de la vie, trouvait dans l'originalité de sa chute une mine de rires dissimulés et de pensées bouffonnes.

L'heure du coucher, à partir de laquelle je reprends pour une nuit la pleine possession de moi-même, est venue. J'ouvre la croisée de ma chambrette. Charmé par la beauté du ciel illuminé d'étoiles, je m'isole dans la contemplation de la Grande-Ourse. Ces astres, on les voit aussi du pays de France, et peut-être, à cet instant de recueillement universel qui précède le coucher, ma mère, pensive, de sa fenêtre aussi les contemple. Mon regard et le sien se rencontrent au sommet de l'angle qu'ils forment, à cette lumière qui tremble et luit sur elle aussi bien que sur moi. Aussitôt ma pensée descend des sept étoiles à la maison paternelle, et je m'adresse cette question embarrassante : Que dirai-je à mes parents ?

Que je suis professeur de langue française dans une riche famille espagnole ? Bien : c'est la moitié de la vérité ; mais l'autre moitié ? L'autre moitié restera au fond de son puits, d'où je ne la tirerai que dans une bonne vingtaine d'années, temps strictement nécessaire pour cicatriser la blessure faite à mon amour-propre. Après avoir promis monts et merveilles à mes parents, je ne puis leur annoncer que je porte, que je vais porter la casaque d'un valet en livrée ; ce serait les exposer à éprouver le contre-coup de mon humiliation !

A la rigueur, il n'y aurait pas grand mal à leur faire savoir que j'occupe une jolie position, que je suis *Criado*, bien persuadé qu'ils n'en soupçonnent pas les attributions ; mais un jour ou l'autre, il arrivera ce qui suit : mon père, s'en allant partout et répétant à tous avec la satisfaction d'un orgueil qui prend une revanche : Vous savez, mon fils cadet, le jeune fou, que j'avais sur les côtes et qui est allé en Espagne, eh ! bien ! il a réussi tout de même ; il a tenu au-delà de ses promesses ; il m'écrit qu'il est casé, très bien casé, qu'il a un emploi magnifique, qu'il est Criado. Je ne sais pas ce que cela signifie, mais il est Criado !

Jusqu'à ce qu'un Espagnol ou quelqu'un au courant de la langue castillane lui dise impatienté : Criado ! Criado ! ce n'est pas déjà tant relevé. Si vous ne savez pas ce que c'est qu'un Criado, je vais vous l'apprendre. Votre fils est *domestique*, mon cher Monsieur !

Alors pétrification instantanée d'un bourgeois père de famille !

Non, je m'en tiendrai à mon premier plan, et tout ira bien. Ce qui fut fait.

Le troisième jour de mon entrée en fonctions, au retour du collége, je trouvai mon costume sur une banquette de paille, à l'antichambre. Il se composait ;

D'un habit en drap bleu de roi, à larges basques, avec de gros boutons argentés ;

D'un pantalon en drap noisette

Et d'un gilet *idem*, à manches.

Je l'emportai à mon galetas et je le dépliai sur le lit. Un valet sérieux eût dansé de bonheur devant sa magnificence ; je n'en retirai que tristesse et plaintes amères. C'était à cette mascarade qu'avaient abouti les promesses de mon adolescence ; j'étais un homme arrivé. Au collége, où je m'étais préparé avec une paresse incurable à mon examen de Saint-Cyr, mon âme vaniteuse rêvait de la veste du zouave, du dolman du hussard, de la tunique du chasseur d'Afrique, et ne savait auquel de ces beaux uniformes donner la préférence de l'avenir. Quatre ans après je n'hésitais plus, j'endossais la livrée. Je me demandai la raison de mon abaissement, quel était le trait-d'union entre tant d'espoir et tant de déception, quelle pierre d'achoppement m'avait fait glisser d'un si beau songe dans une si basse réalité? J'accusai mes parents, le guignon, la fatalité; je m'en pris au ciel lui-même en termes peu mesurés. Fainéant! répondit pour eux ma conscience, qui n'a jamais été sourde. Du coup je fus calmé.

Madame me fit appeler après dîner, et me dit :

— Habillez-vous, vous irez accompagner Don Felipe chez le conseiller Calvo.

Le conseiller Calvo avait un fils à peu près de l'âge du nôtre. Les familles se voyaient, et les enfants jouaient ensemble tantôt chez l'une, tantôt chez l'autre.

Je montai à ma chambre pour procéder à ma toilette. Je mis mon bel habit et ma cravate blanche; je posai sur ma tête le chapeau galonné transmis par le jeune Louis, et autour duquel un galon neuf avait été enroulé; j'enfilai des gants de fil blanc. Ainsi paré, je descendis.

Catalina tournait autour de moi avec complaisance.

— Vous êtes très bien dans votre grande tenue, dit-elle.

— Hélas !

— Qu'avez-vous ?

— Hélas !

— Vous n'êtes pas content ?

— Hélas !

— Vous voulez plaisanter. Vous êtes drôle !

— Ma pauvre Catalina, ce n'est pas ce que je dis qui est drôle, c'est ce que je fais. Tous les pîtres ne sont pas à la foire, allez !

Nous sortîmes. Mon cœur, déjà serré depuis que j'avais revêtu mon costume, se comprima davantage à mesure que nous avançions dans les groupes. L'émotion que j'avais éprouvée le premier jour de ma sortie en tablier devint inexprimable. Je devinais que le galon de mon chapeau jetait des lueurs d'or flamboyant; je voyais reluire au soleil les gros boutons d'argent de mon habit; je me sentais le point de mire de tous les regards, car j'avais un uniforme. Mon vêtement tranchait, par sa coupe et par les couleurs vives des boutons et des galons, sur les vêtements civils; si j'avais pu me cacher sous terre !

L'angoisse faisait perler la sueur à mon front; j'étais écrasé sous un sentiment d'humiliation indéfinissable. Je ne répondais que par monosyllables aux questions de mon élève; j'étais anéanti.

Cet état lamentable s'accentua encore après que j'eus déposé don Felipe chez le conseiller Calvo, et que je me promenai seul par les rues pleines de monde. C'était un de ces jours de demi-fête si nombreux dans le calendrier espagnol.

Le souvenir de Forfer me poursuivait, incessant. Pour me donner une contenance, je sifflottais des airs de chasse, en même temps que mon œil, mobile, inquiet, enfilait les rues, les places, les carrefours, à la recherche craintive de ressemblances. Ce grand jeune homme, là-bas, qui ricane, ne serait-ce point lui? Voilà un cavalier blond qui m'a causé une fière peur! Et si des compatriotes venus de France, des compatriotes de moi connus, viennent me frapper sur l'épaule en ouvrant des yeux énormes?

Des frémissements parcourent mon corps à cette pensée. Je vais devant moi, sans voir, sans entendre, au hasard de mes pas, l'âme perdue. Après chaque groupe en marche ou stationnaire que j'ai dépassé, il me semble entendre des rires étouffés. Une fureur sourde me fait entrer en trépidation. Eh bien, quoi! murmurais-je dans mon for intérieur, que me voulez-vous? Pourquoi me regardez-vous comme ça? Suis-je si ridicule, et n'avez-vous rien autre chose à faire? On dirait que vous n'avez jamais vu de laquais! C'est moi, oui, c'est moi, Pablo, le domestique de M. Rivaltos. Qu'y a-t-il d'étonnant à cela? Tas d'imbéciles et de désœuvrés. Le premier qui se moque de moi en face.

. . . .

J'arrive ainsi au bout de la rue d'Atocha; je débouche sur le Prado, et, rompu de corps et d'âme, je vais m'asseoir sur un banc, au-dessous du Musée royal.

J'y suis à peine, qu'un petit vieux vient se placer à côté de moi. Il me toise de l'œil, j'en fais autant; mais sa contenance est gauche devant l'expression farouche de ma physionomie. Je le juge petit rentier, par conséquent curieux et bavard. Il a bonne envie de causer; mais, intimidé, il ne sait pas où entamer l'entretien. Il s'y prend de la façon employée ordinairement en pareil cas :

— Il fait beau temps, Monsieur, s'écrie-t-il.

— Cela se voit.

Un silence.

— Il ne fait pas froid.

— Cela se sent.

Nouveau silence.

— Vous êtes domestique, Monsieur?

— Cela se devine de reste, à moins que je ne sois amiral suisse.

Là-dessus, je hausse les épaules et je décampe. Je prends par la rue d'Alcala; je traverse de nouveau la foule. Mais une réaction salutaire s'est produite en ma cervelle. Remarquant que je passe inaperçu dans la multitude, que non-seulement personne ne se retourne sur mon passage, mais que je n'attire la curiosité de personne pas plus que si j'étais habillé en modeste ouvrier, la sérénité reprend possession de mon âme. Le poids que je porte sur le cœur tombe, l'apaisement succède à la surexcitation de tout-à-l'heure. Je me sens renaître au monde, mon individu reprend l'allure dégagée qui m'est naturelle.

Un cabaret, *Despacho de vino*, frappe ma vue : je me fais servir une bouteille de vin, que j'avale verre sur verre. Une bouffée d'ivresse emplit ma tête; je redeviens joyeux. En circulant, si un reste d'orgueil ne me retenait, je me camperais mon chapeau galonné sur l'oreille, et j'arrêterais les passants pour leur dire : Regardez-moi bien ! C'est moi qui ai l'honneur d'être le valet de M. Rivaltos.

Ainsi est faite la pauvre nature humaine ; elle monte, elle descend, passe d'une honte excessive à une crânerie bête ; parfois, un verre de vin suffit.

Catalina me vit rentrer le visage allumé et la démarche incertaine ; elle s'exclama.

— Ah ! don Pablo, vous avez fêté votre uniforme ! Est-ce que cela vous arrivera souvent ? Alors vous ne moisirez pas dans la maison, mon cher, je vous avertis.

— Chère amie, c'est ce diable de vin *tinto* (rouge) de votre pays qui me turlupine. Je ne puis en avaler un seul verre sans être sens-dessus dessous.

— M'est avis que ce verre était grand comme un litre, pas vrai ? Je n'ai pas de conseil à vous donner, mais vous feriez bien d'aller vous jeter un moment sur votre lit, et de ne pas vous montrer que vous ne soyez présentable. Sauvez-vous vite !

Pour ceux de mes compatriotes qui, de tout temps, m'ont connu inconstant comme le nuage, ombrageux, susceptible à l'excès, regimbant sous le plus léger reproche, gardant rancune pendant des années d'oublis de convenances envers moi, peut-être involontaires, ma longue résignation, entrecoupée de révoltes réprimées, serait un sujet d'analyse extrêmement curieux. En résumé, mon cas moral s'expliquait par la volonté énergique de me suffire honnêtement, sans avoir recours à la bourse de personne ; par la pensée, toujours présente, que je jouais un rôle comique sur un théâtre plus vaste que les théâtres ordinaires; par la conscience vivante, absolue, de ne rien perdre de ma fierté native, ni des délicatesses de mon âme, sous mon apparente métamorphose.

CATALINA

I

Maintenant que j'ai raconté mon début dans la carrière et les agitations qui l'ont accompagné, il suffit de donner une idée sommaire du gouvernement de la maison. Nous raconterons ensuite, au fur et à mesure, les épisodes de mon séjour à Madrid.

J'ai déjà dit que j'étais fort peu occupé à l'intérieur. Mon service consistait à brosser avec nonchalance les effets d'homme, à cirer les chaussures avec une rage froide, apporter et entretenir les braseros (chaufferettes), car, à part la cuisine, le logement entier manquait de cheminées. Je donnais mes leçons deux fois par jour. Le reste de la journée s'écoulait à faire des courses, à conduire deux fois le jeune garçon à sa pension, à le mener promener dans l'après-midi, et à sortir en voiture lorsque les maîtres allaient en visites, aux courses, au Prado.

La cuisinière et la femme de chambre faisaient les appartements. La femme de chambre servait à table, suivant l'ancienne coutume, à laquelle, là comme dans beaucoup d'autres maisons, l'on n'avait pas dérogé. La table était frugale, les habitudes d'une régularité prodigieuse. Il n'est pas arrivé une seule fois, pendant mon séjour, qu'on ait changé les heures des repas, les travaux journaliers. Tout marchait comme à la mécanique. Du reste, le service était des plus simples : peu d'exigence de la part des maîtres, et beaucoup de zèle de la part des domestiques, à qui les reproches étaient presque inconnus.

On recevait rarement à dîner, mais souvent à la collation du soir, laquelle consistait en chocolat à l'eau et en verres d'eau sucrée.

Au printemps, l'on partait en province, quelquefois aux bains de mer.

La fortune du maître, considérable pour l'Espagne, aurait passé inaperçue en France ; il l'avait reçue de son père, avec un titre de petite noblesse, dont il ne se vantait pas et qu'il négligeait de porter. Des manières simples, aucune espèce de vanité, un fond de bienveillance résultant d'une grande distinction naturelle.

Madame aimait son fils avec passion ; elle le soignait et veillait sur lui avec une sollicitude craintive ; elle craignait de le perdre, comme elle avait perdu sa fille. Cette mort, si peu prévue, l'entretenait dans une inquiétude continuelle sur le sort du seul enfant qui lui restait. Elle pensait sans cesse à la fragilité de la vie. Encore jolie, très brune, son mari l'avait prise à Séville dans une famille bourgeoise. Est-ce la peine de parler d'un travers, le seul que je lui aie connu, et qui était de son pays ? Elle criait en appelant son monde, fût-on à deux pas.

Le fils était une nature intelligente, impressionnable, ardente. De toutes choses il prenait le côté combattant ;

son rêve était d'être officier, ensuite colonel et général, cela va sans dire.

Je lui parlais en français, lui répétant les mots qu'il ne comprenait pas jusqu'à ce qu'il eût retenu. Dans nos courses et nos promenades, la conversation était un salmigondis de français et d'espagnol qui fit place peu à peu à des constructions de phrases.

En l'écoutant m'interroger et me répondre avec une facilité de jour en jour plus grande, le père devinait les progrès rapides que faisait son fils. Devina-t-il aussi que le précepteur, à gages de valet de troisième ordre, était un déclassé ? Pour moi, cela n'est pas douteux ; mais comme son intérêt, qu'il écoutait volontiers, lui défendait de le laisser paraître, M. le Précepteur continua, chaque soir, de donner un nouveau lustre aux souliers de ce père avisé.

II

Le deuxième dimanche qui suivit mon installation, j'allai remercier Pierre, brave garçon valant mieux que la plupart de ses pareils, dont il n'avait pas les instincts de rapine, ni ce mélange de morgue et de bassesse particulier aux *gens de maison*.

Je le rencontrai dans la cour de l'ambassade. Il accourut, sa large main ouverte, et s'écria :

— Comment cela va-t-il ?

— Très bien. Pouvez-vous sortir ?

— Oui, dans un moment ; attendez-moi au cabaret, à deux pas d'ici.

Il me montra un *despacho de vino*.

Dix minutes après il était à mes côtés ; on apporte des verres, une bouteille, nous trinquons.

— Vous êtes admis ? dit-il.

— Oui.

— Comment vous trouvez-vous dans cette baraque ?

— Très bien, jusqu'à présent. Je ne pouvais mieux tomber. Recevez mes remerciements pour la démarche que vous avez faite en ma faveur et qui a si bien réussi.

— La besogne est-elle rude ?

— Pas plus qu'il ne convient ; elle est variée, un ouvrage me repose de l'autre.

— Que faites-vous ?

— Je donne des leçons.

— Vous donnez des leçons ?

— Oui.

— De quoi ?

— De français.

Il était stupéfait.

— Mais à qui diable pouvez-vous donner des leçons ?

— Au fils de la maison.

— Vous m'étonnez ! Vous vous en tirez ?

— Mais pas mal.

— Vous n'avez pas toujours été en service alors ?

— A peine au sortir de l'enfance, quatorze ans au plus je comptais, que j'entrais en condition.

— Vous avez donc fait des études ?

— Suffisamment pour l'objet qu'on m'a demandé.

— Dans ce cas, vous n'êtes pas le valet de chambre ?

— Je suis précepteur ou professeur, à votre choix.

— Mais, pardon (il saisit un bouton de mon uniforme), est-ce que c'est la coutume de voir les précepteurs ou professeurs enseigner avec un costume pareil, que ce soit du français, du latin ou du chinois ?

— Il est vrai que je cire aussi les souliers.

— Ah !

— Et que je brosse les habits.

— Ah !

— Et que je fais les commissions de la cuisinière et de la femme de chambre,

— En voilà un professeur ! Et vous faites les appartements, et vous servez à table ?

— Non.

— Alors vous êtes valet de pied.

— Valet de pied, c'est possible, mais professeur.

— Professeur, j'y consens, mais valet de pied.

— Je cumule, comme vous voyez.

— Et les appointements, les accumulez-vous aussi ? Ajoutez-vous le traitement de professeur aux gages du valet ?

— Pour le moment, le *criado* est seul payé. Le précepteur travaille pour la gloire, en attendant mieux. Patience, son tour viendra.

Age heureux ! Je riais de ma misère, plutôt que d'en pleurer.

III

Une bonne maison, que la maison Rivaltos ! Une bonne condition ; mais quelle cuisine espagnole ! Le lard, *tocino*, et le pois-chiche, *garbanzo*, en faisaient le fond déplorable. J'avais pris ces deux aliments en horreur ; l'odeur du lard me suivait partout. Je considérais avec un dégoût indescriptible les plats qu'on nous servait, quand la vue des mêmes mets provoquait chez mes compagnons une joie qui rendait leurs yeux plus brillants.

Catalina n'en revenait pas de me voir si amer.

Es muy rico, disait-elle. C'est très riche, en me montrant le méprisable pois-chiche et le lard odieux.

Je lui accordais que c'était riche, admirable pour l'engraissement de la volaille, mais qu'il aurait fallu s'en tenir là. Elle me demandait ce qu'on mangeait dans mon pays ; je lui en faisais l'énumération, et je lui parlais de la cuisine au beurre.

La cuisine au beurre ! A peine si elle connaissait le beurre : elle en voyait chez les pâtissiers, mais jamais il n'avait pénétré sous sa forme première dans sa cuisine. La bonne fille riait à *carcajadas* (à gorge déployée) de m'entendre vanter le beurre.

Toujours fut-il que, privé d'appétit, le cœur sur les lèvres, j'apparus un matin à mes camarades étonnés, avec les joues jaunes, le nez jaune, le blanc des yeux jaune, tout jaune : j'avais la jaunisse.

— Catalina ! m'écriai-je, d'une voix languissante, contemplez votre ouvrage! A force de me bourrer de garbanzos, mon corps en a pris la couleur. Certainement ma tête, si on lui enlevait ses cheveux, pourrait passer pour un garbanzo monstre; servie sur un plat, un de vos compatriotes la piquerait de sa fourchette. Maintenant, que voulez-vous que je devienne, cuisinière espagnole que vous êtes? Où fuir, où me réfugier ? Si c'est là tout ce que je devais rapporter dans mon pays, ce n'était pas la peine de tenter la fortune. Je ne courtiserai plus, hélas ! la brune, ni la blonde ! Adieu, les tendres regards échangés ! Adieu, l'amour ! Je n'ai plus qu'à prendre le premier navire en partance pour la Chine, le pays de la race jaune, où je pourrai, sans être ridicule, conter fleurette à la Chinoise aux yeux bridés et aux pieds bots.

J'allai montrer à mon maître, sur la figure de son serviteur, la couleur des citrons d'Espagne ; il m'envoya chez son médecin, le docteur Nunez, qui, après avoir écrit une ordonnance, me rassura sur l'issue de l'invasion de la bile dans le sang. Effectivement, huit jours d'un traitement purgatif me délivrèrent de mon ictère.

Le mois expiré, le senor Rivaltos augmenta mes

appointements de dix francs. Mon ancien patron, le notaire, après mes deux ans de stage, ne les avait pas augmentés de dix sous. Si celui-là est mort, quelque chose me dit que ce n'est pas le remords d'avoir méconnu ma valeur qui l'aura étouffé.

IV

Sec et rude, l'hiver était venu ; il aurait pu être rigoureux pour moi, si la famille Rivaltos n'avait pas été en deuil prolongé de l'enfant bien-aimée qu'elle avait perdue, car il aurait fallu suivre les maîtres aux soirées et croquer le marmot sous les péristyles des théâtres. Ces épreuves me furent épargnées : je ne souffris presque pas des rigueurs de l'hiver.

Les journées s'écoulaient avec une grande rapidité, à cause de la régularité remarquable qui nous était imposée dans la succession de nos travaux. Chaque heure avait son emploi déterminé d'avance, et l'heure correspondante du lendemain ramenait l'occupation de la veille.

Mes jours de sortie se passaient à de longues promenades, quelquefois avec Pierre, le plus souvent seul, parce que mon collègue se plaisait mieux aux cafés et aux bals publics, que dans les sentiers de la plaine. Mes plus grandes courses, avaient lieu avec mon élève, pendant ses jours de congé, le jeudi. Une de ces promenades mérite une mention.

Le temps était froid et clair. Nous sortons de Madrid par le pont de Tolède et nous suivons la route, dont pas un buisson ne relève la plate monotonie ; l'une de ces routes espagnoles qui poudroient et distillent l'ennui, rien qu'à les regarder. J'entraîne le jeune Rivaltos dans les emblavures. Le chant des alouettes que nous faisons lever est la seule distraction que nous puissions nous procurer.

Mon pied heurte une touffe de froment plus drue que les autres, un lapin en détale et file en zig-zag au milieu des blés.

Je crie à Felipe :

— Felipe, un lapin ! voyez !

Felipe, hors de lui :

— Où donc, où donc ?

— Mais il est blessé ! Je vais essayer de le prendre.

Garçon sans cervelle, à ce que prétendait quelqu'un que je n'osais pas démentir, mais non sans jambes, j'étais agile ; en quelques bonds je rattrape l'animal et je le montre au bout de mon bras à Felipe, qui saute et bat des mains, d'allégresse. L'enfant vient le toucher, le caresser. Pour contenter son désir, nous nous asseyons, et tous deux accroupis, nos têtes se touchant, le lapin entre nous, nous nous livrons à une étude expérimentale absorbante.

— Que faites-vous là, vous autres ? crie une grosse voix, à quelques pas.

Je lève la tête, Felipe se relève brusquement; le lapin profite de notre étonnement et s'échappe. Deux paysans arrivaient sur nous, l'un dans la maturité de l'âge, l'autre un jeune homme.

— Je vous demande ce que vous faites là, dans mon champ ? répète avec humeur le plus âgé.

Je me remets debout, je salue, et d'un air gracieux je réponds :

— Nous nous promenons.

— Il se moque de nous, celui-là, s'écrie le jeune paysan avec une expression de physionomie féroce; je vais lui faire son affaire.

Ce n'eût pas été long, il était bâti comme un contrefort de cathédrale; l'inspection rapide de son encolure me donna le frisson.

L'autre l'arrêta de la main, et reprit :

— Vous piétinez mon froment, vous vous roulez dessus, et vous appelez ce joli ouvrage vous promener? Les routes ne sont-elles pas assez longues pour passer votre envie de promenades ? Lorsque je vais en ville, est-ce que je prends la liberté de quitter la rue pour pénétrer dans votre logement et y casser la vaisselle ?

— On ne cause aucun dommage aux blés en hiver.

Il répliqua furieux :

— Je vous dis que si ! Tiens-toi tranquille, Antonio, dit-il à son compagnon, peut-être son fils, en lui jetant un regard de côté ; je me charge du particulier. Mais vous avez un drôle de costume ! Quel métier faites-vous donc?

— J'accompagne cet enfant.

— Domestique?

— Oui.

— Ah! vous êtes domestique! Eh bien! vous avez de la chance. Je voudrais être à votre place, bien nourri, bien couché, habillé comme un prince, et rien à faire qu'à dévaster les terres des pauvres laboureurs, dans vos moments de désœuvrement. Bon métier! Allons, fainéant, propre à rien, hors d'ici! Mais auparavant réglons, s'il vous plaît, le dégât commis : c'est quarante réaux.

O Hercule! que ne puis-je, la durée d'une minute seulement, emprunter tes biceps, afin de tomber ces misérables et les laisser pantelants dans la verdure!

Être ignominieusement battu ou battre en retraite, pas d'autre issue à cette sotte aventure. Je me redressai, d'un geste royal je jetai deux écus de cinq francs aux pieds du paysan, et je m'éloignai à pas lents.

Quel affront sanglant avalé! Malgré mes efforts pour être calme, mon corps tremblait sous la douleur aigue de mon orgueil blessé. Les symptômes d'une colère muette se trahissaient par l'agitation de mes poings alternativement serrés et détendus ; le mot *Lâche!* vint à mes lèvres ; comme si j'eusse été cinglé d'un coup de fouet, je tournai sur mes talons et fis front à mes adversaires. Le plus âgé, appuyé des deux mains sur ses cuisses écartées, riait comme un bossu ; l'autre pointait sur moi un doigt moqueur, ses épaules avaient une expression encore plus formidable que tout-à-l'heure. Fallait-il terminer la série de mes échecs et de leurs triomphes par une volée qu'ils auraient eu autant de plaisir à m'administrer, que moi d'humiliation à recevoir? Je sortis de ce champ maudit.

Sans plus de retard, mon jeune maître, à qui l'éducation générale avait déjà appris qu'un domestique ne doit pas être sensible à l'injure, voulut m'entrenir de son regret d'avoir laissé échapper le lapin, de la gentillesse du lapin, de ses mœurs, et autres fadaises; je coupai court à ses questions dépourvues de tact, en le priant brutalement de me laisser tranquille; et je ne desserrai plus les dents.

Cependant, vers la fin de la veillée, Catalina eut raison de mon mutisme et se fit raconter comment deux flâneurs, partis en promenade sans avoir l'idée d'aller à la chasse, chassèrent un lapin; comment, après l'avoir pris, ils l'achetèrent au moins dix fois sa valeur, et comment le lapin, après avoir été chassé, pris, acheté et payé, conserva pourtant sa liberté et mit nos deux chasseurs en grand danger d'être battus.

Inutile d'ajouter que les dix francs, résultat de notre campagne, me furent remboursés, et que je reçus l'ordre de ne plus compromettre, dans les terres ensemencées, la précieuse existence confiée à ma garde.

V

A quelque temps de là, un dimanche, mon maître m'informa qu'il partait pour Tolède le lendemain, et que je devais l'accompagner.

Qu'on juge de ma joie ! Aller à Tolède ! Rompre avec mon existence monotone, sortir, voyager, aller à Tolède !

« Tolède, a dit un touriste enthousiaste, c'est une merveille, un trésor de vieux souvenirs et d'architecture, un bijou historique, un chaton enchâssé dans un roc de granit et séparé du reste de l'Espagne par une profonde déchirure, au fond de laquelle gronde et bondit le Tage. »

« Il faudrait, dit encore Germond de La Vigne, une année pour étudier Tolède, jour par jour, dans ce dédale inouï de ruelles escarpées et montueuses, un peu semblables à ces sillons que tracent les vers dans le vieux bois. Elles montent à donner envie de s'aider des deux mains, elles descendent à faire croire que le centre du monde est au bout. Elles tournent, se torturent, et serpentent de telle sorte qu'il faut le fil d'Ariane pour s'y guider. C'est la plus étrange confusion de maisons entassées, accumulées, tour de force de constructions, sur sept collines, comme celles de Rome, et groupées dans un espace réduit. L'idée ne viendrait assurément à personne aujourd'hui, avec notre goût pour le nivellement, d'y construire même une cabane de chèvres. Dans ce curieux tohu-bohu de granit et de briques, de charpente et de fer, il y a des secrets merveilleux qu'il faut découvrir, à l'insu même de ceux qui les possèdent. Il faudrait avoir le temps de pénétrer dans toutes ces bâtisses des Goths, des Juifs et des Maures, dont les maîtres ne se doutent pas, pour la plupart, qu'ils ont des arcs, des voûtes, des ogives, des fenêtres, des colonnettes qui sont des trésors, mais barbouillés, hélas ! d'une quintuple couche de chaux. Pour peu que l'on gratte, partout on retrouve des sculptures, des arabesques, des méandres, des feuillages, des animaux fantastiques. Sur toutes les portes, des écussons armoriés et des devises ; aux fenêtres, des balcons en vieux fer tourmenté ; à toutes les maisons, de vieilles portes massives, bordées de bandes de métal, garnies de marteaux historiés à faire envie aux antiquaires, ferrées de clous rangés avec ordre, serrés et pressés, dont les têtes ciselées sont grosses comme des œufs. »

Ce dimanche était jour de sortie. J'allai chercher Pierre, et tous deux, disposés à nous amuser, nous nous dirigeâmes vers un faubourg de Madrid, *le Perchel*, où l'on danse toute la journée.

J'assistai à la *Jota*, la danse nationale, et j'observai combien, dans les danses du bas peuple de Madrid, les convenances et la décence étaient mieux gardées que dans les bals, je ne dis pas de barrière, mais publics, de la France. Point de cris, de gestes excentriques, une tenue parfaite des deux sexes et une sobriété! Point d'hommes en état d'ivresse.

Ah! si, je vous demande pardon : nous en découvrîmes deux à la fin de la soirée; encore étaient-ils Français et ressemblaient étonnamment, l'un au *Criado* de M. Rivaltos, l'autre à son ami l'ambassadeur. Ces deux mécréants, que le ciel confonde! pour n'être pas dans un état scandaleux, n'en avaient pas moins perdu la gravité et le décorum qui sont une partie de l'éducation des domestiques bien stylés. Ils n'étaient pas extravagants, mais un peu turbulents; ils ne criaient pas à tue-tête, mais ils chantaient avec accompagnement de gestes bizarres remarqués par la foule dès qu'ils s'en approchaient.

Ils s'offrirent un fin dîner à la française, et revinrent en ville par le chemin des tavernes. Deux rats de cave, en tournée de service, ne visitent pas plus de débits que nous pendant cette soirée mémorable.

Il était plus de minuit lorsque l'idée fort sage, quoique un peu tardive, de rentrer chacun chez nous, pénétra dans nos cervelles en ébullition. Pierre me demanda si je pouvais aller me coucher sans éveiller l'attention de mes maîtres; il ajouta que, pour son compte, il découchait quand il voulait et n'était jamais pincé. Je lui répondis que j'étais sans inquiétude; que le concierge, avec qui j'étais au mieux, m'ouvrirait avec l'empressement et la discrétion d'un ami.

Nous nous séparâmes en face de ma demeure. Je tirai le cordon de la sonnette; un bruit de chaises dérangées arriva jusqu'à moi. La fenêtre s'ouvrit, et José, notre excellent portier, y encadra sa bonne tête frisée.

— C'est moi, José, lui dis-je à voix basse en m'approchant de la croisée, ouvrez vite.

— Vous, Pablo ! je veux bien être pendu si je pensais à vous. Je croyais tout le monde rentré. Il alluma une lampe et vint m'ouvrir. En passant, je lui serrai la main en le remerciant ; il m'arrêta et dit avec un bon sourire :

— Si je vous avais laissé vous morfondre dans la rue, hein ?

— Vous n'auriez pas fait ça ? nous sommes bien trop bons amis.

— C'est vrai. Un gentil garçon comme vous !

— Un brave homme comme vous !

— Sans indiscrétion, pourquoi êtes-vous donc si en retard ?

— Je me suis amusé.

— Et joliment, à ce que je vois !

— J'ai bu ; le bon vin réjouit le cœur de l'homme ; mais j'ai un autre motif pour être gai. Je vais demain à Tolède, ou plutôt ce matin.

— Et c'est ce qui vous rend si joyeux ?

— Parbleu ! il y a bien de quoi.

— Vous aimez donc bien à voyager ?

— Sans doute, et, de plus, voir Tolède, comprenez-vous ?

— Je ne comprends pas du tout. Tolède ne vaut pas Madrid, il s'en faut.

— Pauvre ami ! il y a dix Madrids en Europe, il n'y a qu'une Tolède au monde.

— Vous plaisantez, une vieille ville ruinée!

— Précisément. La connaissez-vous?

— Non, mais je sais qu'elle a perdu beaucoup de son importance et de sa population; puis, au regard de Madrid, ce n'est rien du tout.

— Je vous répète que c'est une ville unique, qui renferme des trésors artistiques.

— Artis....

— .....tiques, oui. Que je suis bête! Vous ne pouvez vous intéresser à Tolède: vous n'êtes qu'un concierge.

— Vous dites?

— Je dis que vous n'êtes pas à la hauteur. C'est inutile de vous vanter Tolède. Un concierge ne peut apprécier son mérite.

— Avez-vous l'intention de m'insulter?

— Moi? pas du tout. Seulement....

— Seulement, vous avez l'air de me mépriser.

— Par exemple!

— Croyez-vous qu'un concierge ne vaille pas un valet de chambre?

— Il en vaut quatre et demi, José.

— Mon métier n'est-il pas aussi honorable que le vôtre.

— Mais si, mais si.

— Ah! je ne suis qu'un concierge!

— Calmez-vous, calmez-vous, voyons! Vous avez mal saisi ma pensée.

— Je ne suis pas plus bête que vous, vous m'entendez? Je comprends très bien que vous m'avez dit une insolence.

— Allons donc, imbécile! Oh! non, je voulais dire....

Il me mit son poing sous le nez.

— *Carajo!* cria-t-il, recommencez voir....

— Chut! vous allez réveiller toute la maison.

— Tant mieux, on saura votre belle conduite d'aujourd'hui.

— Ma conduite ne vous regarde pas. Mêlez-vous de tirer le cordon, et cessez d'aboyer après moi.

— C'est bon. Tâchez de rester après minuit une autre fois, et si je ne vous laisse pas errer toute la nuit!

— Mauvais chien de garde!

— Chien vagabond!

— Pipelet!

— Pipelet, Pipelet? Que veux dire cela? Ivrogne!

— Ivrogne, moi!

Je levai la main sur lui; heureusement qu'une lueur de bon sens filtra dans mon cerveau troublé : ma main retomba le long de mon corps, et j'enfilai l'escalier.

Le lit me calma; au réveil, ma querelle avec le concierge fut ma première pensée; je la regrettai, et, de suite, j'entrai chez ce bonhomme lui offrir une poignée de main, qu'il accepta de grand cœur, avec une courte station à la taverne, où s'acheva notre réconciliation.

VI

Je m'occupai ensuite des préparatifs de notre voyage : retenir les places, etc. A six heures du matin, nous montions en diligence, mon patron dans le coupé, moi sur l'impériale, mis en bourgeois. Je humais avec ivresse l'air de la plaine de Castille, pauvre en produits, pauvre en pittoresque, vraie solitude autour de la capitale ; elle eût été d'ailleurs triste comme un des sept cercles du Purgatoire, que mon contentement eût été le même : elle me délivrait de Madrid, et Tolède était au bout. La joie de mon cœur se révélait par un sourire de bienheureux fixé à mes lèvres. Mes deux compagnons de banquette, un marchand drapier, un marchand de grains, maussades parce qu'ils étaient somnolents, devaient se dire en me regardant : Heureux jeune homme ! et c'était vrai.

Aux deux tiers environ de la route, tout-à-coup mon sourire s'éteignit dans une grimace. Une vive douleur d'entrailles fit aboutir ma méditation à la plus vulgaire réalité. Je devins pâle, je me troublai ; une seconde douleur redoubla mon anxiété. Qu'est-ce à dire ? Aurais-je la colique ? A la suite d'une troisième tranchée, je fus tourmenté par le besoin irrésistible dont parle Sganarelle.

Je dirigeai ma vue au loin sur la route, en quête d'une montée qui permît à l'attelage de se mettre au pas.

La route était nivelée comme la surface d'un lac. Que faire ?

Je tire le conducteur par sa manche, et je lui dis :

— Conducteur, je suis indisposé, j'ai besoin de descendre. Veuillez donc mettre vos chevaux au pas ; c'est l'affaire d'une minute.

— Oui, mais dépêchez-vous.

Il ordonne au postillon de ralentir. Je reviens. La diligence reprend son allure, et moi le courant de ma béatitude première.

Un quart d'heure après, nouvel assaut. Mon voisin m'observe et me dit avec intérêt :

— Vous êtes malade ?

— Mais oui, répondis-je en gémissant ; il faut encore que je descende.

— Demandez au conducteur.

— Il le faut bien. Conducteur ?

— Eh !

— Je vous demande pardon, mais je suis véritablement malade, et....

— Que le diable vous emporte ! Vous allez me mettre en retard avec vos arrêts.

Au retour, mon maître me fait signe d'approcher.

— Qu'avez-vous donc, Pablo ?

— Monsieur, j'ai une indisposition, je suis dérangé.

— Allez-vous mieux ?

— Oui, Monsieur. J'espère que c'est fini.

— Bon !

Je me tiens immobile, pelotonné dans mon coin de peur de tourmenter mes boyaux, et redoutant des complications futures. Mais mes compagnons de voyage, tout-à-fait réveillés par l'incident et mis en belle humeur par le côté comique qui en résultait, acceptèrent avec empressement la diversion que j'apportais à la monotonie de la route. Je devins une tête de Turc sur laquelle ils essayèrent à l'envi la force de leur esprit et la pénétration de leurs plaisanteries. Larochefoucauld l'a écrit : « Il y a dans le malheur des autres quelque chose qui ne nous déplaît pas. » J'ajoute qu'un malheur comme celui qui venait de fondre sur moi détermine toujours une gaîté bruyante. J'aurais dû rire plus fort qu'eux ; je m'y efforçais, mais rien ne venait. La crainte d'une troisième attaque m'hébêtait.

Le marchand de farines commença le feu. Marchand de farines, marchand de bestiaux, marchand de cochons, tous ces gens-là se valent et sont grossiers comme pain d'orge.

— Dites-moi, camarade, comment vous êtes-vous mis dans cet état-là ?

— Je ne sais pas, fis-je des épaules.

— Est-ce que ça vous prend souvent ?

De la tête, mais d'un air bourru, je fis signe que non.

— Il est muet.

— Non, dit le négociant en tissus, mais, dans ce moment, il a plus envie de parler du ventre que de la bouche.

— Ventriloque, alors?

— Non, un degré plus bas.

— Et inodore.

— Je ne voudrais pas m'en assurer de trop près.

Le conducteur et le postillon s'esclaffaient de rire.

Le marchand de grains repartit :

— Je comprends qu'en été les pommes vertes, les fruits pas mûrs donnent la dyssenterie, mais au mois de décembre, une pareille courante est bien extraordinaire.

— Monsieur se modèle sur le Manzanarès, qui ne coule qu'en hiver.

Explosion de rires.

Le conducteur met son mot :

— Le jeune homme aura trop bu de l'eau à la fontaine Lavapiès, c'est une eau qui purge.

— Ou bien il se sera attardé dans la crême au chocolat.

Le postillon tourne sa face, rouge et ricanante, de mon côté :

— Vous n'y êtes pas, Messieurs, dit-il, je parie ce qu'on voudra que l'intéressant malade l'est pour avoir barbotté hier dans le Valdepenas. N'est-ce pas que, cette nuit, nous avons caressé maman bouteille?

Touché juste! je n'en pouvais plus douter, mes remords me le disaient assez. Mais la colique acharnée, si elle renforce ceux-ci, me débarrasse des grossièretés de ceux-là. Je donne un regard à la route; elle est toujours horizontale; à l'instant même je prends mon parti, et je dis au conducteur, avec autorité :

— Conducteur, je suis malade, déposez-moi sur la route, et filez ; auparavant je veux parler à mon maître.

Avant que le conducteur soit revenu de sa surprise, je suis déjà debout et pendu à la courroie. Les chevaux s'arrêtent. Je m'approche de la fenêtre du coupé, et je lance ces paroles précipitées dans l'intérieur :

— Monsieur, je suis indisposé, il ne m'est pas possible de continuer. Ne vous inquiétez pas, je suis bon marcheur : ce soir, j'arriverai à Tolède, je vous en donne l'assurance, à n'importe quelle heure, et je me présenterai à l'adresse qu'il vous plaira de m'indiquer.

M. Rivaltos balançait son torse avec ennui. Il me répondit, après un moment de reflexion :

— Non, vous attendrez mon retour, demain, à deux heures du soir, au premier relai que nous allons trouver et qui n'est pas éloigné, à Illescas. Je vous recommanderai à la posada en passant. Je ne veux pas que vous veniez à Tolède. Vous m'entendez ?

— Non, Monsieur, puisque vous le voulez ainsi. Permettez-moi, cependant, de vous présenter mes excuses de ce contre-temps.

— C'est bien, c'est bien. A demain.

La diligence roula et me laissa seul sur la grande route. A la distance de trois kilomètres en avant, la tour d'une église coupait le pan inférieur d'un ciel gris d'hiver. C'était Illescas.

Je me répandis en lamentations, puis en imprécations. Ils s'en vont tous à Tolède, les hommes, la machine et les chevaux, et moi je reste-là comme un trois sous par lieue ; je n'irai pas à Tolède. O Tolède ! je ne te verrai pas ! Je ne verrai pas tes minarets et tes tours au-dessus des collines, tes maisons ouvragées, ta cathédrale, et le Tage qui bruit sous tes murailles. Maudit soit Pierre, et le faubourg de Perchel, et le vin espagnol, et moi-même ! Qu'une triple colique de *miserere* étouffe à l'instant le triple animal cheminant à cette heure vers Illescas !

VII

Je fis une humble entrée dans le village terme de mon ridicule voyage. Une ouverture cintrée et noire comme l'entrée d'une caverne, d'où sortait un bruit de grelots, indiquait l'écurie d'une auberge ; je passai par cette écurie, vestibule obligé de tous les paradors, posadas et ventas (1), et, ouvrant une porte, je pénétrai dans une vaste pièce, cuisine et salle tout ensemble ; au milieu était un foyer où brûlait, sans flammes, un tas de paille hachée, mêlée de cendres, et qu'entourait un rang de moellons. La fumée qui sortait de ce feu couvert montait, au-dessus du foyer, par un trou énorme, en manière d'entonnoir renversé ; c'était

(1) Auberges et hôtelleries.

la cheminée. Autour, des murs d'une teinte crasseuse, des tables longues et grossières, des bancs.

Près du feu et me tournant le dos, une femme, coiffée d'un foulard noué sous le menton, remuait une cuillier dans un pot qui chauffait doucement sur la paille et la cendre. Je toussai, la femme se releva : elle n'était plus jeune, et, si elle avait été jolie, il n'y paraissait plus.

J'entrai en matière.

— Madame, la diligence de Tolède qui a passé tout-à-l'heure m'a laissé en route; je suis malade, pouvez-vous me donner une chambre pour la nuit?

— C'est vous qui m'avez été recommandé par un voyageur du coupé? Vous êtes son domestique?

— Oui, et je voudrais me reposer.

— Venez avec moi.

Elle enfila un corridor, poussa une porte, et s'en alla; je vis, dans un réduit obscur, un mauvais lit cassé en deux, composé d'un bois pourri, d'une paillasse de bourre de paille, et d'un drap usé.

— Rien ne presse, dis-je, en faisant demi-tour à l'aspect d'un pareil grabat, contemporain de Bernard del Carpio; explorons le village.

Je rentrai et demandai à dîner.

— Vous allez mieux? dit la posadora.

— Beaucoup mieux.

— Que désirez-vous? J'ai une soupe au safran, du lard et des garbanzos.

— Non, je vous en prie, pas de lard ni de garbanzos aujourd'hui; ce sera bien assez tôt de recommencer demain. Donnez-moi des œufs à la coque, cuits durs surtout, rien de plus.

— Je n'en ai pas, mais je vais en envoyer chercher dans le pueblo.

Pendant qu'on s'occupe des apprêts de mon souper, je m'assieds sur une chaise boiteuse, les pieds posés sur une des grosses pierres du foyer. Un colloque animé s'élève derrière la porte. Des femmes se disputent, des voix aigues m'apportent ces paroles :

— Comment, tu reviens sans œufs !

— Je n'en ai point trouvé.

— Maria Ramon en a toujours, tu n'y es donc pas allée ?

— Mais si, c'est-elle que j'ai vue d'abord.

— Eh ! bien ?

— Elle n'en a plus.

— Alors, il fallait passer chez Teresa.

— Me croyez-vous si bête ? Je ne serais pas revenue sans passer chez Teresa.

— Et point ?

— Point.

— Va chez d'autres, il m'en faut.

— C'est pour ce voyageur ?

— Oui.

— Et le lard, et le garbanzo ? *es muy rico.*

— Il n'en veut pas.

— Il n'en veut pas ? c'est impossible !

— Il est malade, mais vas donc !

— Si je n'en trouve pas, je ne puis cependant pas les pondre moi-même.

— Veux-tu bien partir, effrontée!

De ces deux femmes, l'une était la bourgeoise; quant à l'autre, elle fit son apparition un quart d'heure après dans la cuisine, sous les traits d'une fille de quinze ans, noire comme une taupe, et effarouchée. Elle mit le couvert par saccades, avec des gestes de semeur.

— Comment vous appelez-vous? lui demandai-je.

— Francisca, Monsieur.

Elle me cria son nom comme si une large rivière nous eût séparés, et s'enfuit avec des bonds de chèvre poursuivie. Quelle drôle de fille!

La maîtresse et la servante se disputaient sans cesse. Celle-ci ne recevait pas un ordre sans le discuter, mais elle finissait toujours par céder.

A la fin de mon modeste repas, la porte livra passage à un homme d'un âge mûr, couvert d'une veste noire à l'espagnole, d'une culotte et de bas marrons.

— Si senor alcalde, disait l'aubergiste derrière lui.

A ma vue il s'arrêta surpris, me salua de la main, et, s'asseyant près du feu, alluma une cigarette. Un ruban de fumée bleue sortit en spirale de sa bouche.

Le nouveau venu était un de ces bourgeois de campagne à qui l'habitude du gouvernement de la commune donne une physionomie compassée, un air important. Sa curiosité m'enveloppa tout entier pendant quelques secondes; il cherchait, sans doute, à résoudre le problême de la présence à Illescas d'un étranger qui n'était ni muletier, ni paysan, ni colporteur. Son examen de magistrat me fut favorable, car il me tendit une cigarette.

Sensible à son procédé, je lui offris, à mon tour, ce vers d'une chanson célèbre :

.... Le temps est beau pour la saison.

— Les hivers sont généralement secs dans nos contrées.

— Vous habitez, Monsieur, un pays un peu nu.

— Oui, le pays que j'administre est très beau.

Je crus à une plaisanterie, mais il parlait sérieusement. Ces alcades ne doutent de rien. Je répliquai :

— Beau, je ne dis pas non, mais pourquoi point d'arbres, c'est-à-dire pas d'ombre l'été, et pas de combustible l'hiver? On grille au temps de la saison chaude, et l'on gêle en hiver. Misérable feu, que celui qu'on obtient avec de la paille hachée.

— Que voulez-vous? Il y a bien trois cents ans qu'on a détruit les derniers arbres, la privation est insensible pour nous autres. Mais je reconnais, à votre accent, que vous êtes étranger, sans doute Français?

— Oui, Monsieur.

— Pardon de mon indiscrétion : un accident seul a pu être la cause de votre séjour dans ce village, où il n'y a absolument rien à voir?

— Je suis venu par la diligence de Madrid ; une indisposition subite a interrompu mon voyage, mais je me porte beaucoup mieux.

— Et vous comptez repartir demain pour Tolède?

— Non, il est probable que je retournerai à Madrid, cela est même à peu près certain. Je verrai une autre fois Tolède, que l'on m'a dépeint comme une des merveilles de l'Espagne.

— Il n'y faudra pas manquer. Monsieur voyage pour son plaisir?

— Mon dieu, Monsieur, tout déplacement est un plaisir pour moi.

— Voir, c'est jouir; vous êtes jeune, vous êtes libre?

— Hum!

— Je voudrais voyager comme vous.

— Hum!

— Je ne quitterai jamais ma province; mes voyages se bornent à Madrid et à Tolède. Je le regrette. Ah! Monsieur, la France! Un de mes parents, exilé par suite de la guerre de succession, l'a habitée vers 1840, et en a rapporté un si gracieux souvenir!

Pour ne pas être en reste avec lui, je lui vantai l'Espagne et les Espagnols en termes ardents et convaincus.

Notre entretien dura plus d'une heure, très amical, presque intime.

Deux muletiers entrèrent; habillés en veste de velours et culottes courtes agrémentées de boutons argentés ronds, d'aiguillettes et de soutaches, ils portaient sur la tête des sombreros calanes, et, sur les épaules, des *sayaguesas* ou couvertures de laine bariolées.

Le maire se leva, donna une tape sur la joue de Francisca qui allumait une lampe d'étain, et me dit avec une grande cordialité :

— J'aurai le plaisir de vous voir encore demain, Monsieur?

— Jusqu'à deux heures, oui, Monsieur, et vous m'en voyez ravi. Le temps me durera moins en espérant votre charmante visite.

Je ne parlerai pas de la manière dont je passai la nuit : cela n'intéresserait qu'un tortionnaire.

Le lendemain, comme je revenais d'une course aux champs, j'aperçus de loin la silhouette du maire se diriger vers la posada. Je ne pus retenir une exclamation : Brave ami, digne alcalde, il vient exprès pour moi ! Il est bien payé de retour ! Et je me hâtai de rentrer.

La maîtresse de la maison lui racontait quelque chose, à laquelle il prêtait beaucoup d'attention ; je rompis leur entretien en l'abordant avec empressement, le chapeau à la main, un aimable sourire sur les lèvres.

Il me voit venir, il m'attend, et lorsque je suis à deux pas de sa noble personne, d'un mouvement brusque il me tourne le dos.

Je reste sans souffle, sans voix, la bouche ouverte, stupide. La réflexion rétablie, un sourire de mépris glisse sur mes lèvres ; haussant les épaules, je donne un grand coup de poing sur la table, et à l'ama (maîtresse), durement :

— Servez-moi à dîner.

En attendant mon dîner, je me mets à cheval sur une chaise ; je croise les bras, et j'exerce sur mon ex-ami la fascination du serpent.

Il fait d'abord bonne contenance, mais gêné bientôt par la fixité de mon regard rivé à ses yeux, sa contrainte devient visible ; il n'y tient plus, et disparaît.

— Va-t-en, gros amour de maire, charme de tes administrés, délices des voyageurs en mal de ventre! Va-t-en! Ah! triste sire, hier soir, pas plus loin, tu me plaçais haut dans ton estime parce que tu croyais, faquin, que je portais dans mes poches un peu d'or des mines d'Arizona, et, aujourd'hui, sans cœur, que tu sais par ma bavarde hôtesse que je ne suis qu'un simple domestique, tu me fais cet affront! Tu dois être aplati devant les grands et mauvais aux petits. Vermine! Ton âme, qui est certainement à vendre, ne vaut pas un maravédi. J'ai dit!

Cette tirade, farcie d'injures, me soulagea; je dînai avec la placidité d'un chanoine. Le bruit d'une diligence m'annonça l'arrivée de M. Rivaltos. Avant de monter en voiture, ma dépense payée, je dis à mon hôtesse, avec un sourire malin :

— Vous direz de ma part au maire d'Illescas, l'homme aux bas marrons, qu'il est un imbécile.

Je laissai cette femme abasourdie, et fouette cocher.

Ainsi se termina mon voyage à Tolède; je n'ai jamais su pourquoi je l'avais entrepris, mais je n'oublierai jamais pourquoi je l'ai arrêté à Illescas. Je vous laisse à penser si cette expédition manquée dilata la rate de mes collègues, mâle et femelles. Ce fut durant un mois des poussées de rires toutes les fois que la conversation ramenait ce sujet, et des plaisanteries à n'en plus finir sur les agréments de mon séjour à Tolède.

VIII

Un matin, passant dans la rue Jacometrezo, j'entendis appeler :

— Pablo?

Je reconnus Miguel.

— Payez-vous quelque chose? me dit-il.

— Je veux bien.

Nous nous assîmes, en face l'un de l'autre, à une table de cabaret. Je ne me rendais pas compte de l'expression malicieuse de son visage, naturellement bonasse, lorsqu'à brûle-pourpoint il me dit :

— Comment vont les amours?

Je le considérai étonné.

— Quelles amours?

— Parbleu, je n'ai pas besoin de vous en dire plus long!

— Que me chantez-vous là? Je ne comprends pas.

— Vous cachez votre jeu, c'est bien, mais je suis au courant; ainsi ne faites pas le finaud avec moi.

— Je ne vois pas où vous voulez en venir, je n'ai d'amours avec personne.

— Avec personne?

— Non.

— Me prenez-vous pour un sot?

— Voyons, fis-je impatienté, expliquez-vous, une fois pour toutes.

— Bien vrai que vous n'êtes pas amoureux?

— Quand je vous le dis.

— Et Catalina?

— Quoi! vous supposez?

— Que vous êtes au mieux tous les deux.

— Nous sommes bien ensemble; c'est une bonne fille; quant à des relations intimes entre nous, pas l'ombre.

— Vous me l'affirmez?

— Je vous donne ma parole d'honneur.

— Eh bien! je vous crois, mais ce qu'il y a de certain, ce que vous ne pouvez pas nier, c'est l'amitié qu'elle vous porte.

— Vraiment, vous croyez qu'elle a un penchant pour moi?

— Comment, si je le crois? Vous ne vous en êtes donc pas encore aperçu?

— Je n'y ai jamais fait attention. Comme je ne l'aime pas, je ne me suis occupé ni d'elle, ni de sa manière d'être envers moi. Règle générale : les amoureux sont les derniers à s'apercevoir qu'ils sont aimés, de même que les maris sont les derniers à s'apercevoir qu'ils ne le sont plus.

— Dans tous les cas, elle est pincée, la pauvrette. D'ailleurs, maintenant que je vous ai mis la puce à l'oreille, observez-la, et vous saurez me dire si elle en tient.

— Tant pis pour elle! Elle pâtira, car, pour mon compte, je ne l'aime pas autrement que comme une bonne camarade, et je sens bien que ce sentiment ne deviendra pas plus fort.

— C'est votre affaire. Je vous en parle pour en causer. Je ne suis pas jaloux. Elle n'est pas si jolie!

— Non, il s'en faut.

— Elle vous a un nez, miséricorde!

— Une bouche, Seigneur Dieu!

— Et des dents! Les avez-vous vues, ses dents?

— Et ce teint d'acajou!

— Tout ce qu'il y a de laid.

— Un vrai monstre, quoi!

— Ah! ah! ah! ah!

— Hi! hi! hi! hi!

Nous nous séparâmes sur ces éclats de rire, et je repris, pensif, le chemin de la maison.

J'examinai Catalina plus attentivement que je n'avais fait jusqu'alors. Sans être un monstre, tant s'en faut, elle était d'une laideur peu commune; elle n'avait de beau que ses yeux noirs, mais leur éclat ne parvenait pas à détruire la vulgarité de sa figure.

Il eût été difficile d'avoir une inclination d'amour pour une créature aussi disgraciée de la nature, quelle que fût la beauté de son âme, que j'ignorais.

Ma curiosité était éveillée; je donnai une attention plus soutenue aux façons d'agir de Catalina envers moi, et je ne tardai pas à comprendre que j'étais l'objet de prévenances particulières. Mon couvert était mis avec plus de soin que les autres; sans qu'on y prît garde, elle s'arrangeait de telle sorte que les meilleurs morceaux étaient pour moi; elle me comblait de petites machines sucrées et confites plus fréquemment qu'auparavant, et que je croquais sans m'appesantir sur leur provenance. Certains travaux qui étaient de mon ressort se trouvaient faits au moment de m'en occuper.

Un jour qu'étant seuls à la cuisine je l'observais, elle me dit :

— Pourquoi me regardez-vous comme ça?

— Parce que je vous aime, Catalina.

Ses joues se colorèrent d'un rouge ardent, elle poussa un éclat de rire retentissant, et se précipita dehors pour cacher son trouble.

— Elle en tient; Miguel a raison, murmurais-je en m'éloignant.

Je n'étais pas trop glorieux d'une pareille découverte. Si, d'un côté, j'y trouvais une distraction à la monotonie de mes journées, de l'autre je craignais qu'il ne parvînt quelque bruit de cette amourette naissante aux oreilles des maitres, et que ma situation et celle de l'amoureuse cuisinière n'en fussent compromises. Je m'imposai la règle de me conduire avec la plus grande réserve.

Du côté de Catalina, ce fut une transformation. Elle crut, parce que c'était sa consolation d'y croire, à la sincérité de ces trois mots : Je vous aime ! que j'avais jetés dans son âme comme une sonde. Elle s'abandonna au bonheur d'être aimée. Son teint s'éclaira, son caractère un peu sauvage s'adoucit, elle rit sans motifs et chanta sans mesure.

Quoiqu'en apparence il n'y eût rien de changé dans notre état, si ce n'est un redoublement de prévenances et de sucreries de sa part, il était évident que nous ne pouvions plus retourner au point d'où nous étions partis, et qu'une liaison, de convention tacite, était formée.

Ordinairement je cirais les chaussures à la veillée. Un soir, je trouvai cette opération faite, et mieux faite que par moi. Une paire de souliers à la main, j'arrivai auprès de Catalina, assise et cousant, et lui dis :

— Savez-vous qui a fait mon travail?

— Non, répondit-elle, les yeux baissés. Est-ce que cela vous déplaît qu'il soit fait par un autre?

— Au contraire, et vous pouvez dire à l'aimable personne qui se livre en secret à cette nécessaire autant que désagréable occupation, qu'elle ne se gêne pas; si elle y prend du plaisir, j'en prends davantage à la lui laisser, et, même, si elle veut continuer, je lui donnerai de bien bon cœur un baiser sur la joue, car je suppose que c'est une femme. Ne serait-ce pas Josefa?

— Oh! non, répliqua-t-elle avec vivacité.

— Alors, c'est vous, et il convient de vous payer de votre peine.

Je m'approchai d'elle, et je l'embrassai, rougissante et rayonnante de plaisir.

— Vous m'aimez donc un peu? poursuivis-je.

— Oui, un tout petit peu; et vous?

— Moi aussi, je vous aime; je vous l'ai déjà dit.

— Oh! les hommes sont si enjôleurs!

— Et les femmes si fausses!

— Moi, je ne suis pas fausse; non, je ne suis pas fausse.

Depuis, outre les attentions ordinaires, chaque fois qu'elle pouvait prendre ma main, elle la serrait de toutes ses forces; une fois même que je la lutinais en faisant mine de l'embrasser, elle jeta ses bras autour de mon cou et appliqua un gros baiser sur mon front.

Un jour que nous nous livrions à ce jeu innocent, mais dangereux, dans le couloir un peu sombre qui aboutissait au salon, la porte s'ouvrit et don Felipe parut. Je donnai une secousse en arrière, mais les femmes en puissance d'amour ne perdent jamais la tête. Catalina me ramena à elle, et, tripotant mon cou de ses deux mains, elle dit d'une voix posée :

— Restez donc tranquille, que j'arrange votre cravate.

L'enfant était encore à un âge où l'on ignore les ruses amoureuses : il ne comprit pas, et passa.

Nous convînmes de ne plus nous exposer à de semblables surprises. Mais ceux qui ont aimé savent que le meilleur de la flirtation est le mystère, et que la crainte d'être troublé, même dans le commerce des affections permises, donne un charme inexprimable aux privautés de l'amour.

IX

Il est neuf heures du soir, il fait froid. La bise souffle du Guadarrama et me pénètre, malgré la chaleur du brasero que j'avive. En face de moi, Catalina cire mes chaussures, je veux dire fait mon travail, devenu le sien. Je regarde aller et venir son bras droit; le soulier reluit sous la pression rapide de la brosse. Je ne dédaigne pas de la complimenter sur le talent qu'elle déploie; elle me remercie du regard et frotte avec ardeur.

Ce tableau me plaît; l'heure est propice à la rêverie et aux réminiscences; je chante ce fragment de prose lyrique détaché de ma mémoire :

« Si tu viens trop tard, ô mon idéal!. . . . . »

Catalina m'interrompt :

— Qui appelez-vous idéal? Est-ce un homme ou une femme?

— Ni homme, ni femme, c'est un Auvergnat.

— Auvergnat? Je ne suis pas plus avancée.

— Eh bien! c'est, c'est le bonheur cherché.

Elle eut un sourire heureux.

— Alors, dit-elle, je n'ai rien à chercher, j'ai mon Auvergnat près de moi.

— Allons, tant mieux! Le mien est plus dur à décrocher.

« Si tu viens trop tard, ô mon idéal ! je n'aurai plus la force de t'aimer. Mon âme est comme un colombier plein de colombes, à toute heure du jour il s'en envole quelque désir. Les colombes reviennent au colombier, mais les désirs ne reviennent point au cœur. »

Elle reprit, avec une inflexion de voix suppliante :

— Que c'est beau, ce que vous dites-là ! Vous parlez comme un livre. Pauvre de moi ! Je ne puis vous dire qu'un mot : je vous aime. Laissez-moi vous apprendre combien je vous aime ; ma pensée vous accompagne en tous lieux, le jour, la nuit, toujours. Je suis obsédée de votre souvenir, et contente de l'être. Vous exprimer ce qui se passe en moi depuis quelque temps, je ne le puis. C'est comme une adoration de tout ce qui est vous, et un détachement, un dédain de tout ce qui n'est pas vous. Comment cela est-il arrivé, et pourquoi, je n'en sais rien ; mais si je suis souvent bien triste à cause de vous, je suis souvent bien heureuse aussi ! Oh ! je vous aime, je vous aime !

« — L'azur du ciel blanchit sous leurs innombrables essaims ; ils s'en vont à travers l'espace, de monde en monde, de ciel en ciel, chercher quelque amour, pour s'y reposer et y passer la nuit. »

— Si c'est pour moi que vous dites ces belles choses, je vous remercie. Dès les premiers jours de votre entrée dans la maison, un penchant extraordinaire m'a attiré à vous. Je vous ai comparé aux autres hommes, et vous m'avez paru si supérieur ! Miguel et les autres, comme ils sont grossiers, depuis que je vous connais Vous avez un genre si délicat en tout ! Et puis votre conversation est ce qu'on peut trouver de plus relevé. Le curé en chaire ne fait pas de plus jolies phrases.

« — Presse le pas, ô mon rêve, ou tu ne trouveras bientôt plus dans le nid vide que les coquilles des oiseaux envolés ! »

— Bien souvent je me suis demandé : pourquoi l'aimer ? Il est étranger, il retournera dans son pays, et je resterai seule, abandonnée, avec son souvenir.

« — Qui que tu sois, ange ou démon, mortelle ou déesse, bergère ou princesse, que tu viennes du Nord ou du Midi, toi que je ne connais pas et que j'aime, ne te fais pas attendre plus longtemps, ou la flamme brûlera l'autel, et tu ne trouveras plus à la place de mon cœur qu'un monceau de cendres froides. Descends de la sphère où tu es, quitte le ciel de cristal, ange consolateur, et viens jeter sur mon âme l'ombre de tes grandes ailes. Enchantement de la tourterelle, charmes des magiciens, soyez rompus ; portes du palais qu'elle habite, roulez sur vos gonds ; humble loquet de la cabane, lève-toi ; ronces des chemins, rameaux des bois, décroisez-vous ; ouvrez-vous, rangs de la foule, et la laissez passer. »

— Mais je ne puis m'en défendre, vous m'avez jeté un sort, je ne m'appartiens plus. Si vous ne m'aimiez pas, Pablo, vous me rendriez bien malheureuse. Dites-le moi encore, j'ai besoin de cette bonne parole pour conserver la paix de mon cœur. Il ne m'écoute pas. Pablo, Pablo, vous allez me faire pleurer ; répondez donc. Vous ne voulez pas me causer du chagrin, qu'est-ce que je vous ai fait?

— Mais, chère amie, je vous aime!

— Comme il dit cela froidement! C'est que je serai tendre envers vous, soumise, si vous voulez me rendre une partie de l'affection que je vous donne. Il est si doux de vous faire plaisir! Aimez-moi, je vous en prie, aimez-moi!

— Oui, je vous aime.

— Répétez-le moi encore.

— Je ne puis pourtant pas le faire publier au prône par M. le curé. Bonsoir, Catalina, à demain.

— A demain, méchant!

Je prévois l'objection. Vous nous la donnez belle, direz-vous, avec votre servante à la langue si bien pendue, qui a des dédains, des détachements, des adorations! Elle est sortie, non pas d'une chaumière de la Galice, mais de votre imagination, à moins qu'elle ne soit une déclassée, votre sœur en infortune : en ce cas elle a passé par un pensionnat de demoiselles, mais lave la vaisselle chez les autres, après quelques malheur ou fredaine. — Catalina savait lire les caractères imprimés; elle aimait la lecture, ce qui est une preuve d'intelligence; son instruction s'arrêtait là. Il y avait sur une étagère de la cuisine deux livres de dévotion, très anciens, reliés en parchemin, feuilletés par elle aux veillées des dimanches; la noblesse de style et de pensées qu'elle y trouvait répandue avait orné son esprit de tours de phrases et d'expressions au-dessus du langage vulgaire. Quand l'amour vint toucher son âme ardente et teintée de mysticisme, il la trouva préparée à exprimer tous les sentiments de la passion.

X

Amour, passe-temps de la jeunesse, les plaisirs que tu nous amènes sont amalgamés de beaucoup d'ennuis !

Avec la quantité de friandises dont me gratifiait l'amoureuse fille, on aurait pu assortir la boutique d'un confiseur, et il n'y avait pas de raisons pour que ces gourmandises eussent un terme, si une petite contrariété qui survint n'en eût suspendu le cours.

Une politesse en vaut une autre : j'avais fait cadeau à la cuisinière d'un porte-monnaie, cadeau encore rare en Espagne à cette époque ; je l'avais comblée de joie. Or, une après-midi je revenais un peu en retard d'une course. La voiture était prête devant la porte, les chevaux piaffaient, Miguel trônait sur son siége, le fouet en main.

Je monte précipitamment au vestibule endosser mon habit et prendre mon chapeau, pour me rendre à mon poste près de la voiture. En descendant les marches, je sens qu'un des pans de mon habit est plus lourd que l'autre ; il battait contre ma cuisse à chaque enjambée. J'y porte la main : quelque chose intérieurement l'arrondissait. J'introduis la main dans la poche, je touche.... une bouteille pleine.

Etouffer un juron, remonter se débarrasser du malencontreux fardeau, la sagesse des nations n'eût pas mieux conseillé; donc je remonte.

Mais en haut de l'escalier apparaissent Monsieur, Madame et leur fils.

— Où allez-vous? dit Monsieur.

— J'ai oublié mon mouchoir.

— Josefa, allez chercher un mouchoir à Pablo ; vous, retournez.

Embarrassé, gauche, comptant mes pas, je vais me poster à la portière de la voiture, l'ouvrir, la refermer sur les maîtres, puis, lentement, monter à côté du cocher.

La voiture part.

Avec des précautions infinies, je ramène contre ma cuisse la terrible poche, qui contient un objet aussi dangereux qu'une bombe fulminante. Traîner derrière soi, dans un habit d'ordonnance, en visite de cérémonie, une bouteille de vin, tonnerre de Brest !

Et je m'agitais sur mon siége, et lorsque je me surprenais à bouger, le sentiment de ma position me revenait et je me calmais subitement.

Miguel, qui me voyait faire ce manége et m'entendait, me dit à la fin :

— Mais à qui en avez-vous? vous jurez, vous remuez. Vous a-t-on fait quelque sottise ?

— Non, rien du tout.

— Mais si, vous avez quelque chose.

— Je suis un peu indisposé, énervé.

Je réfléchissais.

— Voyons, ami Pablo, du calme, pas d'imprudences. Il s'agit de sortir de ce mauvais pas; il y va non-seulement de ta place, mais de ton honneur. Du sang-froid, de la présence d'esprit, si c'est possible.

Halte.

— Allons! ne te presse pas. Les maîtres sont faits pour attendre une fois par hasard. Descends avec la lenteur d'un évêque, ne heurte pas ce pan funeste contre la roue ou contre une tringle, marche posément et sans plier les jarrets, ouvre cette portière, que le corps étranger que tu as la malchance de porter au-dessous des reins n'imprime à tes mouvements aucune gêne suspecte. Les maîtres ont disparu dans l'allée voisine. C'est bien. Avise au moyen de faire passer la bouteille de la poche de derrière dans la poche de côté, au moins tu ne risqueras plus tant de la casser, et tu seras à demi-sauvé.

Je me poste derrière la voiture, examinant les alentours, la main droite sur le goulot de la bouteille. Cela paraît très facile de changer un objet de poche, mais par l'effet de la crainte c'est une montagne à soulever, surtout dans une rue fréquentée. Les passants montent et descendent. Parmi eux, il y a des curieux. Celui-là est indifférent, mais celui-ci m'observe : ce valet, pense-t-il, a de singulières façons, je veux voir un peu ce qu'il va faire.

Personne ne pense à moi, personne ne m'observe, mais je le répète, la peur paralyse tout, même la notion des choses les plus simples; on n'ose pas.

Un instant, la rue est nettoyée de monde ; j'en profite pour retirer à demi ma bouteille ; aussitôt une réflexion me retient : si les maîtres ou quelqu'un de la maison où ils sont en visite me remarquent de la croisée ? Vite je rengaîne.

Miguel, qui m'a perdu de vue, m'appelle. Je sors de ma cachette et je reviens sur le trottoir ; j'y reste debout, n'osant bouger, murmurant de vagues menaces qui sortent de ma bouche comme des sifflements de serpent.

Miguel m'agace.

— Vous ne battez pas la semelle par ce temps de chien ? Si je pouvais descendre, je ne m'en ferais pas faute. Il fait rudement froid. Brrr....

Je lui réponds avec humeur :

— Je ne me moque pas mal du froid.

— Il faut croire que vous êtes réchauffé en diable ! Vous êtes donc amoureux ?

— Quelle bêtise !

— Eh ! eh !

— Quoi , eh ! eh !

— Catalina, pardieu !

Je lui lance un mauvais regard.

— Je vous prie de me ficher la paix avec votre Catalina.

La compagnie reparaît, la voiture recommence à rouler. Elle n'a pas fait dix, pas que je donne une grosse tape sur l'épaule de Miguel et je m'écrie :

— O l'imbécile ! ô la brute ! On n'est pas stupide tant que ça !

Miguel, furieux :

— Ah ! ça, est-ce que vous devenez fou ?

— Non, mon bon Miguel, vous êtes bien un peu idiot, mais dans ce moment-ci c'est de moi que je parle. Je cherchais depuis ce matin la solution d'un problème, et c'est seulement maintenant que je viens de la trouver. C'est d'une simplicité...

— Quoi donc ?

— Oh ! rien. Vous ne comprendriez pas.

A la station suivante, libre de nouveau, j'entre dans une allée voisine, obscure, et je dépose la bouteille tout simplement derrière la porte. Cela fait, je reviens dégagé et content sur le trottoir, où je fais les cent pas pour combattre le froid.

Les visites terminées et de retour à la maison, seul en présence de Catalina, je me croise les bras, et, marchant sur elle, je lui dis avec un air terrible :

— Qu'avez-vous fait ce matin ?

— Quoi donc ? fit-elle tremblante.

— Caramba ! et la bouteille ?

— Pablo, pardonnez-moi, j'aime tant à vous faire plaisir !

— Malheureuse, dans quel péril vous m'avez mis ! Si j'avais été découvert, j'étais chassé comme un voleur. Y a-t-il du bon sens à m'envoyer en visites de cérémonie avec une bouteille cachetée au derrière, et volée sans doute...

— Que dites-vous là, Pablo? Non, non, je l'ai payée de mon argent ; c'est une bouteille de liqueur.

— Vous êtes une folle, tenez.

Ma rancune durait. Comment me venger? Josefa fut un prétexte. Je lui fis les yeux doux et des compliments flatteurs à souper. Ces marivaudages ne tiraient pas à conséquence, car nous étions parfaitement indifférents l'un à l'autre. Josefa avait un *novio* (prétendu). Mais la jalousie s'alluma dans le cœur de la cuisinière; la funeste passion s'annonça par des gestes nerveux, par des réponses tantôt aigres, tantôt d'une politesse affectée, par des éclairs jetés de son œil sombre.

Dès que l'occasion se présenta, elle m'accabla de reproches; je ne l'avais jamais aimée, je la trompais. Que m'avait-elle fait? A son tour, elle se moquait de moi, elle m'avait en horreur, elle ne comprenait pas comment elle avait pu faire attention à ma triste personne; j'étais un égoïste, un mauvais cœur, etc. Puis elle se renversa sur une chaise et se mit à pleurer.

Je m'approchai d'elle :

— Catalina, lui dis-je, ce que j'en faisais était pour vous émoustiller, pas davantage.

— Bien sûr, s'écria-t-elle souriante à travers ses larmes, vous m'aimez encore?

— En doutez-vous?

Elle esssuya ses pleurs, posa ses deux bras sur mes épaules, me regarda longuement et m'embrassa.

Un peu par désœuvrement de cœur, beaucoup par compassion de la voir si malheureuse, quand elle ne se croyait pas aimée, je lui persuadai que mon amitié était de l'amour.

XI

Depuis que j'étais sorti de la maison de la rue Fuen-Carral, je n'y avais pas remis les pieds. Je recevais de temps en temps des nouvelles de la famille Forfer par la belle-mère, qui m'apportait aussi les compliments de ses filles et un bon baiser sur la joue. Je la voyais toujours avec joie.

J'avais rencontré deux fois mon ex-ami Dominique. La première fois, j'avais passé près de lui fier comme Artaban d'Hyrcanie, la seconde il avait fait un mouvement de mon côté, réprimé de suite par crainte probable d'une rebuffade. Dans ma position si inférieure, j'avais le dessus sur lui, je le dominais, je l'intimidais.

Que faisait-il? il ne me paraissait pas heureux. L'anciana me disait souvent d'aller le voir, que son gendre parlait de moi comme d'un ami qu'il regrettait.

— Qu'il vienne, répondais-je, je le recevrai bien, car je le regrette aussi ; mais ce n'est pas à moi à faire la première démarche, après ce qui s'est passé à l'heure de la séparation.

Un des jours du commencement de mars, il passa sa tête blonde par l'ouverture de la porte tirée par Josefa. Je l'aperçus du vestibule et je courus à lui ; il avança la main sans mot dire; je la serrai, et, la tenant toujours, je l'amenai à l'intérieur. Son malaise était manifeste; afin de le dissiper, je lui demandai des nouvelles de ces dames.

— Ces dames et moi, répondit-il, désirons que vous veniez dîner à la maison dimanche prochain, à six heures.

— J'accepte, m'écriai-je spontanément, avec le plus grand plaisir, à une condition toutefois, qui est celle-ci : je suis en livrée, je ne puis changer mon costume pour des habits bourgeois. Si cela vous contrarie, rien de fait.

— Comment donc! je ne suis pas venu ici avec l'intention de vous faire un affront et vous en préparer un autre chez moi. A dimanche.

— C'est entendu.

Il était encore dans l'escalier, que Catalina m'entreprit.

— C'est un de vos amis, ce Monsieur?

— Oui.

— Vous avez des amis dans le grand genre, vous!

— Un effet du hasard.

— M. Pierre est un joli garçon, mais à côté de celui-ci, il ne brillerait guère. Que fait-il?

— Rien.

— Il est rentier?

— Tout le long de ses jours.

— Et il est votre ami?

— Vous avez pu vous en rendre compte.

— Je ne comprends plus rien à votre histoire. Est-il marié?

— Oui. Il vit en famille avec sa femme, sa belle-mère et sa belle-sœur.

— Celle-ci n'est pas mariée ?

— Non.

— Ah ! Elle est probablement jolie ?

— Dame ! ce n'est pas une caricature.

Nous en restâmes là, mais tout le reste de la semaine Catalina fut de mauvaise humeur.

Le dimanche, la permission de dix heures obtenue, je me disposai à partir vers les quatre heures. Catalina tournait autour de moi, comme une âme en peine.

— Vous allez donc là-bas ? dit-elle.

— Certes.

— Vous me feriez bien plaisir de rester avec moi.

— Oh ! pour ça non, et pourquoi ?

— Cela m'attriste de vous voir partir. Je pense à la demoiselle qui vous attend. Comment s'appelle-t-elle ?

— Carlotta.

— Vous ne l'aimez pas, au moins ?

— Quelle question !

— Bien sûr ?

— Enfin, chère amie, croyez-vous donc que je détaille mon cœur à toutes les filles que je rencontre ?

— Allez donc, et revenez de suite après dîner.

— Vous pouvez y compter.

Je fus reçu et embrassé dans la maison calle Fuen-Carral avec les démonstrations de joie dont les femmes espagnoles, plus expansives que mes compatriotes, sont capables.

Le repas fut remarquablement gai ; on me fit raconter mon existence nouvelle. J'étais en verve; je tournai tout en risée, les préliminaires de mon entrée en service, et les détails du service lui-même, les incidents successifs de mon séjour calle Mayo et l'histoire de mes terreurs lors de ma première promenade en casaque de livrée.

Mais mon voyage à Tolède eut les honneurs de la soirée. Je crois que jamais ces dames n'avaient tant ri. Dominique, porté à la gaîté par son humeur naturelle, se roulait sur le plancher.

Ensuite, abordant un sujet plus sérieux, l'on m'interrogea sur mes projets d'avenir. Mme Dominique me demanda si je comptais rester longtemps chez M. Rivaltos.

— Non, Madame. L'ennui, qui naît de l'uniformité, s'il n'est pas à la surface est latent. Dès que le petit saura parler couramment la langue française, bonsoir! Mais je ne suis pas pressé; à la fin du mois, nous partons en province, et comme ce voyage sera une distraction, je patienterai.

— Pour Salamanque, peut-être?

— Oui, Madame.

Tous ensemble :

— Nous aussi! nous aussi!

— Comment, vous allez à Salamanque bientôt?

— Oui, dit Dominique, nous quittons définitivement Madrid avec tous nos bagages, pour aller nous installer à Salamanque.

— Y rester?

— Tout-à-fait! Nous vous retrouverons de nouveau réunis. Coïncidence heureuse! je la bénis.

— Et moi donc ! De quoi parlions-nous ? Vous comprenez bien que la vocation me manque pour continuer des fonctions que je remplis à la satisfaction de tous et à la confusion de moi-même. La nécessité m'a jeté là ; la fantaisie m'en retirera bientôt, j'y compte. Ce temps est-il proche ? Depuis que je suis né à la vie raisonnée, je ne vise, pour mon bonheur ou mon malheur je ne sais, qu'à l'une ou à l'autre de ces deux existences : une carrière illuminée de gloire ou une jeunesse excentrique. Si j'ai rêvé la gloire, regardez-moi ; la variété d'Icare, que j'offre à vos yeux, est-elle assez topique ? Il reste les jeunes années à dépenser en dehors du sens vulgairement appelé commun. Pour cela, comme je manque de la toute-puissance de l'argent qui facilite les excentricités, je n'ai qu'à poursuivre la comédie présente en variant les scènes, les figurants et les costumes : ici, domestique ; là, ouvrier de fantaisie ; plus loin, marin d'occasion (si Madrid était port de mer, je crois que je m'engagerais demain comme matelot à bord d'un navire à destination des grandes Indes) ; courir le monde en bohême ; ramasser en route, non des écus, mais des aventures, et me reposer ensuite, le soir venu, dans les souvenirs de mon passé, comme au milieu d'une collection d'objets rares et curieux.

— Prenez garde que la fréquentation, par trop exclusive, de gens comme Miguel et Pierre, n'altère à la longue votre caractère et votre éducation.

— Me trouvez-vous déjà diminué ? Rassurez-vous. Je me surveillerai ; je n'oublierai pas que je suis un acteur au pied de la lettre, et qu'à volonté je puis déposer mon masque, mon costume et reprendre mon rang parmi mes pairs. On ne se dégrade que par ses vices ; je n'en ai pas. Si j'ai l'habit d'un laquais, je n'en ai pas l'âme, à l'inverse de bien des gens haut placés, dissimulant sous la morgue des penchants serviles. Encore très jeune, je n'ai pas vu le fond de beaucoup d'âmes ; mais je gage que tout homme âgé de quarante ans mériterait un reproche de bassesse plus grand que celui qui me serait jeté au visage d'avoir été domestique. Je sortirai sans tache de ces milieux que je traverse, aussi fier d'allures qu'avant mon départ de France. Mais le torrent de la jeunesse m'emporte, je cours à l'inconnu comme à un rendez-vous d'amour, je vais à l'avenir comme à un baptême joyeux. Chaque jour qui se lève, un homme nouveau se lève en moi, régénéré par l'espérance. Oh ! que j'aime *demain*, parce qu'il est une énigme ! Mesdames, je vous invite à trinquer au succès de mes voyages.

— A votre santé, Pablo !

— A notre prochaine réunion à Salamanque.

Je retrouvai Catalina seule, les coudes sur la table de la cuisine et la figure cachée dans ses mains. Au bruit de mes pas, elle releva la tête ; ses yeux étaient baignés de larmes.

— Qu'avez-vous ? lui demandai-je.

— Moi, rien ! dit-elle avec un soupir prolongé.

— Si, vous avez du chagrin, vous pleurez. Ce n'est pas moi qui vous fais pleurer, j'espère ?

Elle ne répondit pas.

— Voyons, Catalina, que vous ai-je fait ?

— Oh! rien certainement, mais que voulez-vous? Je suis malheureuse par vous. Je vous aime trop, voilà tout ; et comme je me persuade que vous ne pouvez pas m'aimer, parce que je suis trop laide, je suis jalouse et je souffre. Quand vous êtes près de moi, rien ne me manque; quand vous êtes absent, il se fait un arrachement dans mon cœur; je ne vis plus. Je m'imagine, et c'est bien naturel, que vous regardez les autres femmes, qu'elles vous plaisent, que peut-être en me comparant à elles, vous haussez les épaules à la pensée saugrenue de m'aimer : c'est un tourment.

— Ne croyez donc pas cela, Catalina.

— Tenez! ce soir, je vous attendais plus tôt. J'ai eu beau me raisonner, mon esprit broyait du noir et s'est forgé mille tristes chimères. Cette jeune fille avec laquelle vous avez dîné, je la vois charmante avec mon ami. Qui pourrait ne pas être aimable envers lui! Il a répondu à ses amabilités; la politesse le lui commandait. Pourquoi vous ai-je rencontré? Qu'êtes-vous venu faire ici? Mon existence était paisible, vous avez paru, elle est bouleversée. J'aurais dû mieux me garder; mais comment se défendre de vous? On vous aime trop, et pourquoi vous aimer? Je ne suis pas faite pour vous. Si vous devez vous marier un jour, vous épouserez une fille de votre pays, et vous aurez bientôt oublié la pauvre Catalina. Mais moi, comment vous oublier? Si vous saviez comme je vous considère dans ma pensée! comme je vous élève au-dessus des autres hommes! Le grand saint Georges, qui brille aux vitraux de l'église de Santa-Maria, n'est pas plus beau que vous.

— Catalina, taisez-vous; vous êtes une brave, une noble fille, et je voudrais vous consoler.

Je pris sa main et je la baisai.

— Oh ! Pablo ! s'écria-t-elle transportée, c'est à moi d'embrasser vos pieds. Il y a dans mon affection quelque chose de celle du chien envers son maître.

— Soyez moins triste ; voyez, moi je suis gai. Puisque, à vos yeux, je suis ce que vous dites, demain je vous fais un cadeau.

— Quoi donc? dites, je vous en prie.

— Non, je vous ménage cette surprise.

Je lui donnai mon portrait daguerréotypé, contenu dans un médaillon de velours ; la photographie sur papier n'était pas encore inventée. Dire le contentement de la pauvre fille est chose impossible ; elle mit le médaillon sous son fichu, et s'isola toute la journée pour contempler furtivement l'image de son bien-aimé : physionomie mobile, bordée par de jolis favoris châtains, vulgaire en somme, qui ne pouvait ravager que des cœurs de cuisinières, et que le grand saint Georges, à qui j'étais comparé, aurait jugé tout au plus digne d'orner les épaules de son brosseur.

XII

A peu près à la même époque, nous eûmes la visite d'un frère de Madame, le senor Bermudo, rentier à Séville, homme bien nourri et d'un caractère ouvert. Je lui plus; nous devînmes, avec une sorte de familiarité de sa part, très sympathiques l'un à l'autre. Ignorant de mon origine et des sacs d'écus que mon père avait dépensés pour mon instruction, il était émerveillé de mon savoir et de mon érudition très superficielle; il n'en revenait pas de m'entendre causer de littérature, d'histoire et de morale.

— Ces Français sont des démons, avait-il coutume de dire; ils savent tout, sans avoir jamais rien appris.

Un jour il me prit à part et me questionna.

— Avez-vous l'intention de rester longtemps chez ma sœur?

— Peut-être six mois, ou plus, je ne sais pas, mais j'ai dans l'avenir des projets de voyage.

— Écoutez. Demeurez ici le plus que vous pourrez. Vous y êtes bien?

— Très bien, Monsieur.

— Il peut arriver qu'on améliore votre position, j'ai entendu quelque conversation qui avait trait à votre sort. Donç, je vous le répète, restez, vous ne serez mieux nulle part; mais si, pour un motif ou pour un autre, tel que le désir de changer de résidence, vous projetiez de quitter Madrid, venez me trouver à Séville, je me chargerai de votre avenir ; vous avez bien compris?

Je le remerciai, et je le lui promis. Projets de jeunesse, autant en emporte le vent!

Il fut notre hôte quinze jours, et il me gratifia en partant de deux *douros* (dix francs). Je fis une croix sur l'une de ces deux pièces d'argent, je la conservai longtemps ; j'aurais voulu la conserver toujours, mais un jour que j'avais, à l'étranger, le ventre triste, elle trébucha dans le tiroir d'un boulanger.

Vers le 20 mars, un samedi soir, Josefa qui travaillait près de sa maîtresse dans un cabinet attenant au salon, nous apporta la nouvelle que, le mercredi suivant 24, nous nous mettrions en marche vers la Vieille-Castille.

— Comment cela se fait-il, demandai-je, que l'on déménage à la veille de la semaine sainte?

— Madame a l'habitude de passer le temps pascal à Salamanque.

— Monsieur l'a-t-il dit?

— Je l'ai entendu confirmer le dire de Madame.

— En ce cas, rien n'est plus certain, car il ne donne jamais contre-ordre ; je crois que de sa vie il ne s'est rétracté.

Je profitai d'une course pour informer Dominique de notre prochain départ. Il m'apprit à son tour que lui, sa famille et ses bagages, se dirigeraient lundi 31 du même mois du même côté que nous.

— Par quel genre de transport? Par la diligence?

Il rougit et balbutia :

— Par la galère.

— Vos bagages, je le comprends, mais votre dame et vous?

— Nous aussi, tout le monde; nous sommes très nombreux, il a été décidé que nous ne nous séparerions pas. Nous reverrons-nous avant le départ?

— Oui, je reviendrai.

Le lendemain je frappai à leur demeure; la porte ouverte, je tombai dans la salle comme une bombe.

— Vous ne savez pas ce qui se passe? m'écriai-je très ému.

— Non, dites vite.

— Tout-à-l'heure, à la leçon, le patron m'a dit : Pablo, vous ne viendrez pas avec nous, faute de place. M. Olivarès fils, ami de don Felipe, prend la vôtre. Vous partirez par la diligence.

— C'est bien, Monsieur.

La leçon finie, je sors mon courage de Tolède, et d'une voix hésitante :

— Monsieur, êtes-vous content de moi?

— Oui, Pablo, très content.

— Alors je vous demande une faveur.

— Voyons?

— Un de mes compatriotes, qui est aussi mon ami, va à Salamanque par la galère, et j'aurais un grand bonheur à faire le voyage avec lui et sa famille.

— Son nom?

— Forfer.

— Le trajet est long par la galère.

— C'est vrai, Monsieur.

— Quand partira votre ami?

— A la fin de la semaine.

— S'il peut avancer son départ et se mettre en route le même jour que nous, mercredi, je consens à votre demande.

— Je cours lui faire cette proposition.

— Et me voici.

Les femmes se récrièrent, comme toujours :

— Nous ne serons pas prêts! Le muletier est retenu, voudra-t-il avancer son départ, le pourra-t-il? etc.

Mais Dominique avait réfléchi au plaisir de m'avoir pour compagnon, pendant cinq à six mortels jours de voyage, qu'il n'envisageait qu'avec effroi. Il dit avec autorité :

— Nous serons prêts, Paul, je me charge de tout; nous avons quarante-huit heures devant nous. Allez prévenir votre patron que notre départ est fixé à mercredi.

Ma détermination plongea dans la stupeur les gens de l'office. Ils ne pouvaient comprendre pourquoi je voulais, de mon libre arbitre, mettre six jours à faire un voyage qui ne demandait que vingt-quatre heures, et choisir pour véhicule la galère, une machine qui vous désarticule et vous brise. Je me contentai de sourire dédaigneusement à leurs objections.

— Surtout, dis-je à Catalina en temps opportun,

d'une voix brève et impérieuse, pas de pleurnicheries. Si je prends la galère, c'est qu'il me plaît de me promener avec mon ami. N'allez pas chercher midi à quatorze heures. Est-ce compris ?

— Je ne serai pas jalouse, je vous le promets.

Le mercredi suivant, à sept heures du matin, la voiture chargée du personnel fut enlevée par les deux chevaux. Catalina me décocha une œillade expressive ; elle reçut en échange un sourire aimable et me laissa seul, libre, sur le trottoir.

Je montai par bonds chez moi, où tout était préparé d'avance ; les bagages étaient déjà partis depuis quatre jours par le roulage. Déshabillé en un tour de main, je cognai à coups de poing mon costume dans une valise, sans égard pour la haute fonction qu'il représentait. Après avoir revêtu mes habits bourgeois, je dégringolai, mon sac de voyage sous le bras, je pressai avec frénésie les mains de José et de sa femme, et courus vers la demeure de mon ami. Les femmes étaient occupées à remplir plusieurs paniers de provisions de bouche. Le départ était fixé à une heure de l'après-midi ; il me restait le temps de dire adieu à l'ami Pierre ; je n'y manquai pas.

LA GALÈRE

I

Ce voyage est le plus beau de mes années oisives; aussi est-ce avec bonheur que j'en commence la narration.

Mon lendemain était assuré ; aucun souci, d'aucune sorte, ne pesait sur mon cœur ; j'étais dans le ravissement enfantin de la jouissance d'une liberté qui m'était bien rendue, mais qui devait m'être reprise à la fin du voyage ; j'allais parcourir à petites journées, au gré de mes caprices, une contrée inconnue que je peuplais de visions enchantées et de poésie, parce que j'étais à un âge et dans cette disposition d'esprit où l'imagination, subjuguée par les promesses de la nature et la splendeur d'un ciel incomparable, change en roman les plus vulgaires réalités de la vie. Enfin, si j'ai laissé quelque part une semaine de jours heureux, elle est là.

La parenté de la femme de Forfer comprenait, outre sa mère et sa sœur, un frère, employé de bureau, sa femme, plus un autre frère, garçon de quinze ans, apprenti armurier. Cette smalah, emmenée par Dominique à Madrid quelques mois auparavant, retournait avec nous à Salamanque.

Réunie, la famille se mit en mouvement à midi et

demi. Chacun portait, selon son humeur ou ses forces, des paquets, des paniers pleins, des châles, des couvertures; les femmes marchaient la tête enlaidie par un foulard noué sous le menton par deux bouts, le troisième flottant sur la nuque. Notre bande ressemblait à une troupe de cabotins en déplacement.

Nous débouchons sur la place de Oriente, lieu de rendez-vous convenu avec le muletier. Nous attendons une bonne demi-heure : pas de muletier. L'impatience nous gagne, et la mauvaise humeur aussi, sa compagne fidèle. Quelqu'un émet l'opinion que le muletier nous attend peut-être à la porte de San-Vicente.

— Pourquoi? objecte un autre; puisque le rendez-vous est place de l'Orient, restons.

— Oui, mais moi je perds patience, s'écrie Dominique.

— Alors, dis-je, ayons de l'impatience, mais voyons venir.

Cette boutade donna aux plus nerveux dix minutes de résignation. Nos provisions de patience et d'impatience étant épuisées, l'on se met en route pour la porte San-Vicente, où nous apercevons en effet, près du pont Saint-Vincent, une guimbarde couverte d'une bâche et attelée de trois mules. Près d'elle était un homme de trente ans, bien pris dans sa taille, la tête serrée par un mouchoir à carreaux; il portait une veste de velours courte, une large ceinture bleue, un pantalon de velours d'une nuance bleue plus foncée et dont les jambes s'évasaient à partir du genou. C'était notre conducteur.

Dominique, furieux, l'apostropha. En moins de cinq minutes, tous deux me firent connaître la collection complète des jurons espagnols, l'une des plus riches de l'Europe.

Toute tempête s'apaise, toute contestation a une fin. Les têtes échauffées se calment, et nous nous occupons, étant donné une galère (*galera*) et pas d'autre moyen de transport, de la meilleure manière d'en tirer parti.

Qu'est-ce qu'une galère ? Une longue charrette à deux roues, recouverte d'une toile grise posée sur des cercles assez élevés pour qu'une personne puisse se mouvoir presque debout sous ce léger abri. J'examine l'intérieur. Détail curieux qu'il ne faut pas perdre de vue : au lieu d'être formé de planches unies, le tablier de la charrette est une espèce de sac, attaché par des cordes au bâtis de la galère et traînant presque à terre. Sur ce plancher mobile avaient été empilés, jusqu'au niveau des brancards, les marchandises et colis divers. Une autre toile couvrait ce monceau de choses, de hauteur, largeur et natures différentes, et, sur cette seconde toile, un matelas exigu, insuffisant à la couvrir. C'est une voiture de roulage destinée à porter gens et paquets.

Tels sont nos siéges. Les dames jouiront du matelas, les messieurs exécuteront le tour de force de se confectionner des fauteuils avec les malles à clous, les angles des caisses et les vides que l'on devine sous la toile, dont le tout simule un plan en relief d'un massif de montagnes.

— Le plus souvent ! dis-je, que je vais me fourrer là-dedans. D'abord, nous n'y tiendrons pas tous ; il n'y a rien pour s'asseoir ; il faudra demeurer couchés, alors nous roulerons les uns sur les autres. Songez donc que nous sommes huit, non compris le conducteur.

— Huit et deux font dix, réplique Dominique ; voyez plutôt !

Et il me montre un couple qui accourt suant et soufflant. Il se compose d'un honorable épicier de Ciudad-Rodrigo et de sa moitié, tous deux laids et entre deux âges. On leur fait les honneurs ; ils montent péniblement par l'ouverture béante, et vont se perdre dans les profondeurs reculées de la machine.

Anselmo, beau-frère de Dominique, insiste pour me faire prendre le même chemin. Je lui réponds sur un ton ironique :

— Vous êtes bien bon, mais je vous remercie. Je veux jouir de la vue de la campagne ; sinon, je préfère faire la route à pied ou aller à Salamanque par un autre genre de locomotion.

Puis, m'adressant à Forfer en français :

— Votre beau-frère a des goûts d'artiste : il veut substituer le spectacle de cet épicier immuable à celui des scènes variées de la nature, que je suis venu chercher de si loin.

— Il aura pensé que l'épicier étant doublé d'une épicière...

— Oh ! si peu femme.

— Ce n'est pas l'opinion du tigre son mari, si j'en juge par son attitude. Voyez cette figure anxieuse, ces traits tendus comme ceux d'un sourd qui s'efforce de comprendre ! Il devine que nous parlons de sa femme. Serait-il jaloux ?

— Othello ?

— On introduirait difficilement un Othello dans cette tête de crétin.

— Vous n'êtes pas indulgent envers lui.

— Pas indulgent ? Je me retiens. Nous sommes les derniers, montons.

Dominique et moi, nous nous installons sur un sac de paille servant de siége au muletier, en plein air, en pleine lumière. Nos jambes pendaient de chaque côté des brancards, en dehors. Derrière nous, la confusion régnait. Chacun se faisait sa place, et, autant que possible, la voulait bonne ; car, bonne ou mauvaise, il devait la conserver tout le temps d'un voyage de quelques jours. Mais dans un si petit espace, mamelonné sous les pieds, les mouvements se contrariaient ; il en résultait des chocs de têtes et de membres qui amenaient des plaintes, des cris, parfois des jurements. Enfin, l'on s'assied, on s'accroupit, on s'étend, on se tasse, et un repos relatif s'étant produit, ce fut un fouillis de corps penchés, couchés, pliés en deux ; on put même distinguer des visages.

Après un bourdonnement de paroles, les prisonniers de la galère se mirent à chanter. Ils chantèrent en chœur une vieille chanson, monotone s'il en fût jamais, et qui dura six jours.

Était-ce indigence de chants nationaux ? Les couplets étaient de quatre vers ; je me rappelle seulement le dernier, invariable : *ya losé...* (je le sais bien). Qu'on suppose : *Frère Jacques dormez-vous, etc.*, nasillé du matin au soir pendant une semaine !

Au bout d'une demi-heure, la somnolence me gagnant, je sautai à terre, dans le dessein de causer avec le conducteur qui marchait à côté de son attelage et faire connaissance avec ses mules. Pauvres bêtes ! elles avaient du tirage. La charge à traîner était lourde et la force leur manquait : leurs corps, maigres et usés, ne démontraient pas précisément la prospérité, bien qu'elles eussent des pompons à la tête et des grelots au cou.

La première avait nom *Pulia*, la jolie.

La deuxième s'appelait *Pelegrina*, la pèlerine.

Et la troisième répondait au surnom ambitieux de *la Coronella*, la colonelle.

Elles pouvaient bien faire sept à huit lieues par jour, du lever au coucher du soleil : il ne fallait pas être pressé d'arriver ! Excellent pour un touriste comme moi, mais pour le négociant de Ciudad-Rodrigo !

Forfer me rejoignit ; nous prîmes les devants. Chemin faisant, notre conversation, enjouée à son début par la pente naturelle de la causerie, roula sur des sujets graves. Il me raconta que son père, très généreux autrefois envers lui, lui tenant rigueur au sujet de son mariage, ne lui donnait plus un sou et payait irrégulièrement la pension qu'il lui devait depuis la mort de sa mère ; que, par suite, il avait dû vendre son cheval, ainsi que tous ses objets de luxe, pour subvenir aux frais de son voyage et à ses premiers besoins ; que son plus grand ennui était de traîner à sa suite toute la famille de sa femme, cinq grandes personnes à nourrir et à caser.

— Qu'allez-vous faire à Salamanque ?

— Je n'en sais rien, aussi vous me voyez dévoré de soucis.

Sur ces derniers mots, avisant un fossé large et profond, je le franchis. A l'instant même, Dominique m'imite, et nous voilà à gambader, à sauter les ruisseaux à sec, à exécuter cent tours d'agilité avec la pétulance française. Grand soulagement pour mon cœur de voir mon ami secouer ses soucis dévorants, en cabriolant comme un chevreau de l'année !

II

Nous avancions au milieu d'une campagne nue et comme dévastée par le feu. Des monceaux de pierres laissaient entrevoir çà et là de pauvres cultures, un gazon terne. Partout, autour de nous et au loin, le désert semé de blocs erratiques. Tel un champ illimité de pommes de terre arrachées et laissées sur place, vu à travers un verre grossissant.

On rencontrait des paysans montés sur des mulets, coiffés de sombreros aux larges ailes, couverts de leurs capes couleur amadou, dont quelques-uns étaient armés d'escopettes, des gardes civils (gendarmes à pied), guêtrés jusqu'à mi-cuisse. Tous ces voyageurs vous saluaient gravement d'un *Vayan vms* (*ustedes*) *con Dios* (allez avec Dieu).

Une tour ruinée se dressait sur un mamelon rocheux ; nous y courûmes. Qui l'avait édifiée, qui l'avait détruite ? A quelle époque son élévation, à quelle époque sa chute ? A quelle pensée de conquête ou de défense, d'asservissement ou de protection sa construction répondait-elle ? Autant de questions perdues dans les sauts de mouton qui nous ramenèrent à la route.

Avant la nuit, le ciel se couvrit par places, le vent souffla ; de gros nuages noirs descendirent des montagnes au-dessus de nos têtes.

J'avais distancé la caravane, je m'assis au bord d'un fossé. Soit que le ciel attristé, soit que cette station silencieuse, en plaine déserte, m'eussent fait rentrer en moi-même, ou que le tintement lointain des grelots des mules accompagnât, comme une mélodie des champs, ma voix intérieure retrouvée, ma pensée tourna et remonta la pente des temps révolus. On vit devant soi, en pleine action, insouciant des ans écoulés que l'on a abandonnés à l'obscurité de l'oubli ; une flamme survient, la flamme du souvenir : soudain, les avenues du passé s'éclairent, la fougue des sens et les songes enivrants reparaissent en des scènes fugitives ; de chères images regrettées surgissent des ombres de la mémoire, semblables à des statues de marbre blanc invisibles dans la nuit et qu'un rayon de lune vient frapper tout-à-coup. En une minute, l'on a revécu l'adolescence, époque unique d'espérances folles, de bonheurs sans mélange comme sans lendemain. O puissance admirable du souvenir! C'est un fil électrique qui rattache les sensations de l'enfance à celles de la vieillesse, qui perpétue les rapports entre elles, qui empêche la personnalité de perdre ses jours anciens à mesure qu'elle en tisse de nouveaux, qui fait l'unité de la vie! Il ramène à l'esprit les jouissances mieux encore que les infortunes passées. Par lui, je saurai, au-delà des siècles, que j'ai été, que dix mille souffrances endurées ici-bas sont payées par une seule joie, et qu'à telle date de l'éternité le monde et la nature ont tenu dans mon regard.

Le claquement du fouet se rapprochant et les apostrophes grossières du muletier à ses bêtes me rappelèrent à la réalité.

Nous arrivons à la Venta de la *Trinidad*. Dominique m'entraîne sous un porche, de là dans une cuisine pourvue d'un foyer circulaire ayant un trou au milieu du plafond en guise de cheminée ; il demande une chambre à la maîtresse du lieu : on nous conduit à un réduit meublé d'un lit et d'une chaise.

— Une autre chambre?

— Il n'y en a pas.

Forfer me dit :

— Voulez-vous coucher sur un matelas par terre? Vous ne trouverez rien de mieux ici : vous avez à choisir le matelas que je vous offre, ou la galère, ou l'écurie, ou une place près du foyer de la cuisine, s'il en reste.

— Va pour le matelas, mais vos parents?

— Dans la galère.

— Dehors? et s'il pleut la nuit?

— Ils seront mouillés un peu et se secoueront.

— Et l'habitant de Ciudad-Rodrigo?

— Il se secouera aussi; il n'est pas plus grand d'Espagne que les autres.

— Il est regrettable qu'il n'y ait pas d'autres chambres.

— Ils n'en voudraient pas.

— Vous voulez rire?

— Demain vous le verrez.

— Singulier monde!

— Comment, vous les critiquez parce qu'ils sont économes! Il vous appartient bien! L'économie est une vertu. Voyez, moi j'aurais pu aller à Salamanque en poste; par économie, je me résigne au contact immonde des posadas de la route et à la perte d'une semaine de mon temps précieux. Aussi mon père sera informé de mon sacrifice héroïque; il recevra de moi cette satisfaction; il n'en est plus d'ailleurs à les compter, et j'espère que, fier d'être le père d'un pareil fils, il m'enverra deux ou trois billets de mille, que je porterai d'un pas rapide à la caisse d'épargne.

Après un dîner pris en commun autour d'une grande table de la cuisine, et consistant en dés de lard, en haricots rouges, noyés dans une sauce inconnue, je suivis nos compagnons lorsqu'ils se levèrent, et je les vis monter dans la guimbarde, comme des chiens dans un grand chenil.

J'eus des prévenanees de garçon d'hôtel.

— N'oubliez pas, mesdames, de mettre vos chaussûres à la porte; vous sonnerez, si vous avez besoin de quelque chose.

— Oui, oui, répondirent-elles en riant.

— Je vous conseille, avant de souffler vos chandelles, de regarder sous vos lits : la contrée est infestée de brigands.

— Ah! ah!

— Senor Dominguès, c'est pour votre agrément que vous couchez dans une maison sans poutres ni chevrons, comme celle de Cadet Roussel?

— Je ne dépense jamais un sou mal à propos.

— Vous ressemblez à mon compatriote, qui est un économe trié sur le volet. Vous êtes faits pour vous comprendre tous deux. Tout-à-l'heure encore, il me parlait de vous en termes parfaits.

— Je dormirai aussi bien que vous; ce n'est pas la première fois que je couche dans la galère.

— Je m'en suis douté au premier coup-d'œil que j'ai égaré sur vous,

— Vous êtes un malin, vous.

— Oui. Bonsoir, à demain.

Je revins à la cuisine. Trois ou quatre muletiers roulés dans leurs capes étaient étendus par terre, autour du feu aux trois quarts éteint; d'autres étaient assis sur les pierres du foyer et fumaient des cigarettes; deux gardes civils debout, appuyés sur leurs mousquetons, causaient.

Dominique et sa femme étaient retirés dans leur chambre; je frappai à la porte; de l'intérieur, on me cria d'entrer; j'ouvris.

— Et bien! me dit Forfer, déjà couché; comment cela va-t-il à la galère?

— Très bien : ils s'arrangent pour passer commodément la nuit, ils sont contents, ils rient.

— Ils sont contents? Quels gueux! Sapristi, je ne le suis guère, content. Voici votre matelas, extrait de notre lit. L'amitié n'est pas un vain mot.

— Ça? fis-je avec mépris, c'est une galette, un biscuit de mer avarié; si ma reconnaissance se mesure à son épaisseur, elle est mince.

— En ce cas, c'est une couverture dont je vous fais cadeau; ne soyez plus ingrat. Figurez-vous que nous sommes couchés, vous sur le plancher des vaches, et nous sur un tas de démolitions; cela ne constitue guère un appartement confortable. Oh! l'économie! Quel est donc le *pignouf* à qui j'ai entendu dire que l'économie était une vertu?

— Vous, cher ami.

— Moi?

Il se tut.

III

Avant le jour, nous entendîmes dans la cour le bruit des grelots et des pieds ferrés des mules. Je courus à la galère; on y dormait encore. Il n'avait pas plu, le temps restait couvert. Les mules donnèrent un coup de collier, les pompons s'agitèrent, et la lourde machine, traînant nos dormeurs à la belle étoile, roula lentement vers l'occident.

A huit heures du matin, on fit halte au pueblo de Guadarrama, au pied de la sierra dont il porte le nom; la posada où nous déjeunâmes était une des meilleures de la contrée.

Dès la première heure du jour, j'avais remarqué à gauche de la route, à une distance de deux lieues environ, un édifice immense attirant l'attention par sa nuance claire au milieu de l'aridité grise de la montagne, édifice que j'hésitais à classer entre un couvent ou un palais, si Forfer ne m'avait appris qu'il était l'un et l'autre; en effet, c'était *el Escorial* (l'Escurial).

Jusqu'à Guadarrama, je n'en détachais pas mes yeux. Le démon de la curiosité me tentant, je me mis en tête le beau projet d'aller voir de près « ce tas de granit, le plus considérable après les pyramides d'Égypte ». Un chemin conduisait précisément du village à l'Escurial. Je fis part de mon idée à Dominique, qui s'entêta à m'en dégoûter; mais n'y réussit pas. Je calculai la distance, j'examinai la route qui serpentait aux flancs du Guadarrama.

— Combien de temps, demandai-je au conducteur, vous faut-il pour arriver au sommet de la montagne?

— Trois heures.

Sourd à l'appel réitéré de Forfer, je me lançai sur le chemin du couvent de Philippe II. Une course d'un quart d'heure et une marche soutenue d'une demi-heure me rapprochèrent sensiblement de l'objectif de mon excursion. La silhouette du couvent se dessinait mieux; un dôme au centre, des tours aux quatre angles se dégageaient de la masse des constructions, mais j'en étais encore fort éloigné. Derrière moi, la route était une raie coupant la montagne en diagonale où la galère m'apparaissait au quart de la montée, comme un point sombre.

Délibérer me parut sage. Devais-je continuer ou retourner? renoncer au bénéfice de ma course et battre prudemment en retraite, ou jouir de ma conquête et m'exposer en pays inconnu à perdre la piste de mes compagnons de voyage? D'abord il pouvait y avoir plusieurs routes, puis, si j'étais privé de renseignements, tant à cause de la rareté des habitants et de voyageurs que de l'absence de poteaux indicateurs, quelle ne serait pas ma perplexité! Je regardais tantôt le couvent, tantôt la route, irrésolu, mécontent, tiraillé par des suggestions opposées. Enfin, je cédai aux conseils de la prudence et je rebroussai chemin. Mais comme, à cet âge d'activité fiévreuse, la folie de la nouveauté me touchait toujours par quelque tangente, au lieu de reprendre le chemin déjà parcouru et de monter la route à la suite de la galère, j'imaginai de couper à travers champs et de suivre la base du triangle dont le village de Guadarrama était le sommet. Quand je dis couper à travers champs, c'est une manière de dire qu'on prend par le plus court, car de champs, point, mais des collines incultes et pierreuses.

A ma gauche commençaient les degrés relevés de la montagne, puis une ligne d'arbustes et d'arbres chétifs, plus haut des bois de chênes, plus haut encore des forêts de pins.

Mon retour était chose simple. Me tenir à la lisière des bois, marcher de gauche à droite jusqu'à la rencontre de la route. J'étais doué d'une élasticité de jarrets et d'une puissance de respiration extraordinaires; les exercices d'agilité les plus rudes ne me fatiguaient jamais; mes jambes, souples et nerveuses comme celles d'un loup adulte, ne connaissaient point la défaillance.

En avant! Je monte, contournant les gros rochers, sautant par-dessus les petits, effleurant à peine l'herbe de la pointe de mes souliers. J'atteins la limite des coteaux découverts; je les côtoie un moment; la route grossit; ce n'est plus un lacet, c'est un ruban; de temps en temps, je coule un regard vif sur la plaine qui fuit sous mes pieds, semblable à ces solitudes de l'Orient que les livres saints ont retracées en images saisissantes.

La curiosité de marquer mon voyage par une ascension si à portée, si tentante, que j'en perdais le sang-froid, me fait commettre une imprudence. Gravir une montagne, c'est se rapprocher du ciel. A ne le considérer que dans son expression matérielle, le ciel m'a toujours attiré. De toutes les fables gracieuses ou terribles que l'imagination des anciens a inventées à l'effet de donner des formes vivantes à leurs croyances au surnaturel, l'entreprise des Titans m'a toujours le plus séduit. L'œuvre terrestre de Dieu, quoi qu'on en dise, est bien imparfaite. Le fameux dicton : « Tout ce que Dieu fait est bien fait », ne m'impose pas. Des ailes qui permettraient à l'homme de suivre le vol de sa pensée aux espaces célestes, lui eussent mieux convenu que des coliques ; qu'en pensez-vous?

Certains moralistes modernes prétendent que le sage ne doit pas maîtriser ses passions, mais leur obéir au contraire ; je succombe à celles-ci en m'engageant étourdiment dans les bois. Je m'élève par les taillis, les clairières, les ravins, les arêtes. Un joli ravin ralentit mon élan. Il est creusé en aiguière, son lit est tapissé de gazon ; des parois de rochers lisses, à reflets bleus, d'où pendent des lianes qui commencent à reverdir à un vent tiède du Midi, avant-coureur des rayons d'avril, en ferment l'accès du côté opposé ; des broussailles et des buis courent le long de ses bords : il est orienté de façon qu'en le parcourant en longueur, je crois me rapprocher de la route ; j'y descends. Cependant, la prudence la plus élémentaire me commandait de sortir de ces corridors tournant entre des cimes inconnues, et de revenir à la lisière des bois; mais il est au-dessus de mes forces de résister à l'attraction d'errer seul à la découverte de montagnes, pour moi inviolées. Le calme des hautes solitudes agit sur mes sens, engourdit mon âme; je me promène, je m'étends à terre, je flâne avec la quiétude d'un bourgeois qui, le ventre plein et le cure-dents aux molaires, visite à pas lents une galerie de tableaux; j'oublie la galère et sa destination, le monde et ses pompes, mon sexe et le sexe charmant auquel je dois la vie; mon bonheur ne demande pas à être augmenté de celui d'un roi; s'il est éphémère, il est absolu.

S'il était absolu, il était éphémère; la réflexion vint à propos me rappeler que mon château *en Espagne* n'élançait pas ses tourelles à une lieue de là. Je montai vivement, sous des arbres, un coteau terminé par une muraille de rochers ruinés qu'il me fallut descendre à l'aide de mes quatre membres; je mis au bout trois ravins, un entonnoir, un plateau rocailleux, je grimpai, courus et rebattis mes voies, et après une demi-heure de ce travail laborieux et stérile qui prouvait la vigueur de mes jambes et la faiblesse de mon raisonnement, je me sentis enfermé. L'inquiétude me saisit. Je compris enfin que, pour sortir des montagnes et des bois, il fallait atteindre un sommet du haut duquel il serait possible de me rendre compte de la déclivité générale de la chaîne; sinon je m'enfonçais de plus en plus au cœur de la siérra, et je m'égarais complétement. Un cône ceinturé de pins esquissait non loin de moi sur le ciel pâle sa tête dégarnie et élevée. J'y parvins avec une agilité de chamois. Mon cœur se serra : je ne vis que des pins et des vallées enchevêtrées, heurtées, les unes nues, les autres habillées de forêts. Toute mon intelligence se concentra à deviner la plaine devant ou derrière moi, la situation de l'Escurial ou de la route ; vain espoir ! Mon angoise redoublait de l'impossibilité de m'orienter par un jour clair, mais sans soleil. Je venais de l'Est, j'allais à l'Ouest ; où était l'Ouest ? Comment retrouver la route, ligne imperceptible dans la vaste cordillière ? Les voyageurs que j'avais quittés mangeaient, dormaient ou chantaient, et moi, affamé, désolé, j'écoutais.....

J'écoutais, mais aucun des bruits familiers de la vie rustique ne venait relever mon courage ; j'avais pour seul compagnon le silence, que mon désespoir rendait effrayant. On ne sait pas la quantité de joie qu'apporteraient à l'âme du voyageur égaré la fumée d'un toit qui paraîtrait à sa vue, ou l'aboiement d'un chien de ferme qui frapperait son oreille ; je n'entendais que les battements tumultueux de mon cœur. Je suis perdu ! m'écriai-je. Ce mot, prononcé tout haut, me terrifia ; mes yeux se remplirent de larmes.

IV

Pourquoi cette faiblesse? Suis-je donc encore un enfant que la crainte d'être laissé seul un moment épouvante? Tout n'est pas fini. Je puis fournir encore une course de cinquante kilomètres avant de tomber : avec une croûte de pain dans ma poche, j'irais à cent. Il faudrait être condamné par la fatalité, si, durant sept heures de marche, je ne rencontrais pas dans le rayon de mon regard un chrétien ou une maison. Un dernier examen, ensuite de l'œil et du nerf!

En disant ces mots, je ramène ma vue au-dessous de moi, je vois des broussailles remuer; mon attention s'éveille : deux oreilles pointues passent dans une éclaircie, puis un dos fauve et une queue épaisse. Je reconnais un loup de grande taille. L'animal traverse la clairière au petit trot et disparaît sous le couvert.

— Que n'as-tu, bête sauvage, dix chiens à tes trousses, je trouverais au moins à qui parler!

Une montagne à quelque distance choisie comme but de ma première étape, des points de repère notés pour ne pas m'en écarter, je descendis à grandes enjambées.

Un cri aigu et prolongé retentit dans l'espace et me

cloua sur place ; un autre cri plus éloigné lui répondit : échos de voix humaines qui me firent bondir d'espoir dans leurs directions. Par les fondrières et les crevasses, par les rampes, je filai comme un renard chassé, et je me trouvai, après cinq minutes de cette course enragée, sur un plateau resserré entre deux collines, en présence d'un homme debout, un pied posé sur un fagot de bois.

L'inconnu me regardait venir avec un tel étonnement qu'il semblait de pierre ; il portait pour tout vêtement une veste taillée dans la toison d'une brebis, des culottes pareilles s'arrêtant aux genoux ; les jambes sans bas, tannées, les pieds chaussés d'aspargates. Une chevelure mêlée, noire, en tire-bouchons, s'éparpillait sur ses épaules et lui donnait l'aspect d'un saint Jean malpropre. Où la mode va-t-elle se nicher ? Il était sans barbe : cet homme des bois, qui n'avait peut-être jamais coupé ses cheveux, se rasait !

— Bonjour, brave homme ! lui dis-je haletant ; indiquez-moi dans quelle direction se trouve l'Escurial.

Le bûcheron leva une gaule et visa horizontalement un point de l'étendue.

— Et la route de Madrid, où est-elle ?

Toujours silencieux, il dirigea son bâton vers un point opposé.

Je tirai un douro de mon porte-monnaie et le lui présentant :

— Conduisez moi à un endroit d'où je puisse facilement rattraper la route.

Il me regardait abruti et ne bougeait pas.

— Mais prenez donc, fis-je avec impatience.

Et je lui introduisis la pièce dans la main. Le contact de l'argent lui fit l'effet d'une pile électrique. Instantanément ses yeux brillèrent; d'une main il appuya la pièce d'argent sur son cœur, de l'autre il prit la mienne, et la baisa; cela fait, il battit un entrechat.

— Venez, seigneur, dit-il avec entrain.

Enfin, il n'était pas muet!

L'argent fait de ces miracles, il n'a qu'à s'offrir aux sourds pour qu'ils entendent, aux muets pour qu'ils parlent, aux superbes pour qu'ils obéissent.

Le bûcheron reprit :

— Comment vous êtes-vous perdu dans ces montagnes?

— Je vais à Salamanque; j'ai laissé ma voiture à la montée avec l'intention d'aller visiter le palais de l'Escurial, que d'ailleurs je n'ai pas vu, et pour abréger mon retour j'ai pris par ces collines et je me suis égaré.

— Quelle imprudence, Monseigneur! Vous étiez exposé à mourir de faim où à être dévoré la nuit par les loups.

Il poussa une exclamation.

— Les loups, je viens d'en voir un....

— C'est moi qui l'ai fait partir, un loup superbe, n'est-ce pas?

— Oui, c'est le même, mais attendez.

Il se fit un porte-voix de ses mains, et de ses lèvres sortit le même cri que celui auquel je devais ma délivrance.

— Aoh! aoh oh! aoh oh!

Nous écoutons, un cri pareil nous arrive, affaibli par l'éloignement.

Il repartit :

— J'appelle mon fils pour l'informer du passage du loup et le mettre sur ses gardes pendant mon absence.

— Ma foi, pour mon compte, ce loup-ci est un brave loup qui m'a rendu un service signalé ; sans lui, je ne serais pas allé à votre voix, et je risquais de mourir de faim et d'épuisement avant de me dépêtrer de cette sierra de malheur.

Il se mit à rire et me montra à l'extrémité du plateau un gros chien lancé; un jeune garçon le suivait de toute la vitesse de ses jambes. Le chien accourait en grondant, le poil hérissé.

— La paix, Capitan! lui dit son maître; tais-toi.

Et au gars, dès qu'il fut à portée :

— As-tu vu le loup ?

— Non, padre (père).

— Fais attention avec Capitan. Je vais mettre ce *caballero* (1) dans son chemin.

Le jeune homme ne répondit rien ; il était ébahi de la présence inexplicable d'un étranger en ces parages.

— Viens ici, lui dis-je.

Il s'avança.

— Tiens, voici pour prendre patience en attendant ton père.

Je lui donnai deux pesetas (deux francs), et au père :

(1) Chevalier, gentilhomme, gentleman.

— Partons, je suis pressé.

— Nous sommes plus près de la route que vous ne pensez, dit-il.

En effet, un quart d'heure plus tard j'aperçois avec un plaisir indicible la *carretera* général de Castille ; en sautant sur l'accotement, je m'arrête.

— Où suis-je? dis-je à mon guide ; est-ce que le port de Guadarrama est dépassé ?

— Oui, vous êtes sur l'autre versant de la sierra.

— Aurais-je déjà fait tant de chemin ? Comment savoir maintenant si la galère est devant ou derrière ?

— Remontez la route : à la venta du Télégraphe, vous vous renseignerez.

— Merci, mon ami. Adieu.

Il s'empare de ma main, la porte à ses lèvres et s'écrie :

— Senor, vaya vm con Dios.

Je monte la côte au pas gymnastique ; mon oreille dressée perçoit un bruit de voix au sommet de la montagne ; je brûle la venta qui touche la tour de l'ancien télégraphe aérien, et je vois nos gens ; ils étaient campés près d'un haut piédestal sur lequel un lion de pierre, assis sur son derrière, tient deux globes sous sa patte doite. Une plaque de marbre scellée sur une des faces du piédestal porte une inscription qui dit en latin que ce monument a été érigé par Ferdinand VI en l'année 1749.

Nous sommes au point culminant du port du Guadarrama, formant la ligne de séparation des deux provinces, Castilla vieja et Castilla nueva, à 1,570 mètres au-dessus du niveau de la mer.

La charrette dételée, les bêtes débridées et libres ; sur des couvertures et des serviettes étalées à terre, du pain, des outres de vin, des assiettes, des casseroles de terre remplies de viande et de légumes, hommes et femmes assis mangeant et buvant au milieu de ce désordre pittoresque, ce fut un des tableaux de genre les plus attrayants qu'il m'ait été donné de contempler dans ce monde mal fait où les besoins physiques dominent trop souvent les sentiments.

Une rumeur joyeuse m'accueillit.

— En avez-vous laissé pour moi? dis-je avec des regards d'ogre.

Ils répondirent tous ensemble :

— Oui, oui, don Pablo, prenez place, servez-vous. Dans quelle inquiétude vous nous avez mis !

— Mais je ne vois pas don Domenico, fis-je entre deux bouchées.

— Il est retourné sur nos pas, à votre recherche, dit sa femme ; il va revenir, cachez-vous pour lui donner le plaisir de la surprise.

— Tout à l'heure. Quand la bête sera rassasiée, nous pourrons rire à l'aise et prendre du bon temps.

J'engloutis la moitié d'une grosse omelette et un quartier de mouton rôti, le tout entremêlé de morceaux de pain mis en double; par intervalles rapprochés, je pressai amoureusement la *bota* (1) sur mon cœur.

Les femmes me harcelaient de questions sur la cause

(1) Outre en peau de bouc, de la contenance de quelques litres.

de mon retard. J'irritai leur curiosité par ce préambule mystérieux :

— Laissez revenir don Domenico, et retenez ceci : si jamais je suis anobli, mon écu armorié portera un loup d'or passant sur fond de sable.

— Mon mari revient, dit dona Juana, cachez-vous.

— Pas de nouvelles ? crie de loin Forfer.

— Pas de nouvelles.

— C'est désolant. Il aura voulu prendre par les bois, il s'est égaré ; que faire ?

— Il est bon marcheur, il peut nous rejoindre avant la nuit.

— A condition qu'il retrouve la route ; mon avis est qu'il faut attendre ici.

— Je suis d'un avis opposé, dit l'épicier, la bouche pleine, je n'ai de considération pour personne. Chacun pour soi et Dieu pour tous.

— Mettez-vous à sa place.

— Il n'y a pas de danger !

— Oh ! je sais bien, les beautés de la nature et de l'art ne se détaillant pas sur votre banque, vous ne courez pas après elles ; pourvu que vous ayez du fromage plein la bouche.....

— Et plein ma boutique, oui.

— Quel muffle ! mais vous m'énervez tous à la fin avec votre calme ! vous ne comprenez donc pas que si ce malheureux se perd sur les pentes ouest de la sierra dans la direction d'Avila, il peut marcher jusqu'à demain soir sans parler à âme qui vive ? Ah ! le voilà !

Il courut à moi qui sortais de derrière le piédestal, et

serra mes mains avec chaleur. Cher ami de ma jeunesse ! Je connaissais sa nature en dehors et ses qualités brillantes : il venait de me révéler son cœur.

J'allumai un cigare et je racontai mon équipée ; comme je revenais sain de tous mes membres, les plaisanteries, ralenties à certains passages émouvants de mon récit, prirent le dessus, et je fus bombardé de quolibets par ceux qui, étant initiés aux péripéties de mon voyage à Tolède, me demandaient de leur donner mes impressions sur l'Escurial.

Ils me parlaient toujours, je ne les écoutais plus ; adossé au piedestal, ma vue plongeait sur les deux Castilles, et je pouvais dire, avec une présomption égale à ma croyance, que la moitié du territoire espagnol était mesuré par mon rayon visuel. L'absence d'arbres et de verdure, sur une pareille surface, apporte à l'esprit une sensation étrange ; elle vous conduit à comparer le Guadarrama, qui sépare les plaines sèches, à un détroit entre deux mers retirées d'hier ayant laissé à découvert leurs plages stériles, que la culture n'a pas encore eu le temps de féconder. Deux points de l'étendue captivent l'attention : l'Escurial, à la base des montagnes, et, au fond de la campagne brumeuse, une ligne blanche, une ville indistincte, Madrid.

Du haut de la montagne,
Près de Guadarrama,
L'on découvre l'Espagne
Comme un panorama.

(Théophile GAUTIER.)

J'eus là, à la face du lion de Castille, un épanchement d'orgueil national, sincère, naïf, qui ne le cédait pas en exagération aux vantardises gasconnes. Il était impossible de pousser plus loin la conviction de supériorité de la race et du clocher.

M. Domingués, l'épicier, parlait peu. Sous ce rapport, il était l'envers d'un gascon, mais en deux coups de langue il vous racontait des choses énormes. Mon enthousiasme exprimé flatta son amour-propre; il crut avoir à son côté un statisticien, tandis que je n'étais qu'un méchant poète, amoureux de la nature sous toutes ses apparences ; il fit l'effort de se lever, et me montrant le sol indigent de la plaine, le désert biblique qui commençait à nos pieds pour finir je ne sais où, désert impuissant même à nourrir les sept vaches maigres de l'Écriture:

— Senor, me dit ce puits de patriotisme concentré, senor : « la Espana es una riqueza » (1).

— Si, senor.

---

(1) L'Espagne est une richesse.

V

L'arriero (muletier) attèle; nous descendons en stille vieille. Au nord et au midi, les montagnes lressent leurs têtes blanches au-dessus de forêts res. On était à la fin de mars; déjà les vents doux printemps avaient fondu la neige des hauteurs yennes. Autour de nous, les torrents, pleins jus-aux bords et écumeux, roulaient comme des ser-nts argentés, sous le feuillage sombre des conifères. tait une nouveauté, depuis notre départ, que de voir au ailleurs que dans des jarres. Nous avions bien uvé des ruisseaux et des ponts, mais les ruisseaux vaient pas une larme, et sous les ponts pas un mur-ıre; aussi que de cabrioles autour de ces eaux froi-s, que de gambades le long de ces torrents!

J'attire à moi une branche de pin; je la casse en ıx; je serre une des moitiés dans mon portefeuille, donnant l'autre à Dominique, je le tutoie avec un air ıve :

— Ami, voici la moitié d'un rameau que je te prie de ıserver. Je désire que ce souvenir, échangé dans les ges des monts Carpetanos, nous serve de signe de connaissance et d'appel si de plus mauvais jours viennent éprouver l'un de nous après notre séparation. »

Nos mains se rencontrent et impriment à nos bras une forte secousse. Ainsi fut conclu le pacte de la nouvelle alliance.

De détour en détour, nous allons par la descente ; l'hôtellerie de San Rafaël nous reçoit avant la nuit, nous donne un souper et des chambres passables. Il va sans dire que nos compagnons de voyage, hormis Forfer et sa femme, ne quittèrent pas leur abri de toile.

L'aube trouva notre coche roulant sur les gradins inférieurs de la Cordillière. A mesure qu'elle reculait l'horizon, elle dessinait des pentes chargées de pierres de toutes formes et de toutes grosseurs, dans un assemblage bizarre, comme si des géants s'étaient amusés avec elles à des jeux de force musculaire : obélisques, dolmens, peulvans, pierres druidiques, fûts de colonnes surmontés de sphères, ou ruines d'une ville cyclopéenne réduites à leur dernier état de désagrégation.

Le matin suivit l'aurore. Étonnant mirage! je crus être sous l'illusion d'un songe et continuer un rêve de la dernière nuit. Le jour qui s'en va en transmet au jour qui vient l'étincelante énigme, toujours poursuivie de pli en repli de ma mémoire, mais jamais devinée. Une lumière, ardente au point de paraître surnaturelle, donnait aux rochers incrustés de mousse l'éclat et l'apparence de fleurs colossales au sein d'un jardin sans limites. Si transparent était l'air, si suave était la clarté matinale, que les montagnes du dernier plan se découpaient avec un relief merveilleux sur le fond lumineux.

Comme si toutes les étoiles étaient accourues du fond de l'infini pour l'envelopper d'un rayonnement sidéral, le paysage se déroulait dans une gloire.

J'étais ébloui. Lorsqu'il s'éveilla de son premier sommeil, le premier homme ne jeta pas sur l'Eden, en qui furent concentrées les magnificences du monde naissant, un regard plus enchanté et plus ravi, et le regret du bonheur perdu qu'il emporta en exil ne fut pas plus vif que l'espoir du bonheur divin qui se fixa dans mon cœur à la vue de ce morne désert transfiguré. Dans la suite, souvent obsédé par cette vision, j'ai été amené à conjecturer qu'il y a des instants, fugitifs comme l'occasion et solennels comme la mort, où la terre, inspirée par la volonté d'en haut du désir d'être belle, convoque pour ainsi dire à la rajeunir les forces éparses; elle semble dire aux vents : nettoyez l'atmosphère; aux brumes rasant le sol : fuyez. Elle dit au soleil : éclaire et colore; au ciel : que ta profondeur bleue rehausse la splendeur du jour; puis à l'homme, témoin élu : vois, ceci est un reflet du paradis!

Esprit libre de préjugés, en garde contre le penchant au surnaturel, j'ai cherché une cause ordinaire à ce curieux phénomène d'optique. La nature extérieure ne s'expliquant pas, j'ai soumis à une enquête sévère mon état psychologique du moment. J'avoue que je ne méritais pas d'être un de ces privilégiés à qui Dieu consent à montrer l'échelle de Jacob; rien de saint en moi ni de recueilli. Je traversais les montagnes, emporté par une surexcitation joyeuse qu'un puissant souffle de liberté exaltait jusqu'à l'extravagance.

Je poussais des cris de gypaëte, je courais comme un fauve. Il est présumable que je vis la nature, non pas comme elle était à cette heure-là, mais comme j'étais, moi, à travers l'enivrement des sens et la flamme du regard.

Une plaine sauvage et mouvementée prolonge les derniers mamelons de la sierra. L'aspect en est ou désolé ou magnifique, selon qu'on est travailleur agricole ou chercheur d'émotions. Je n'hésitai pas à mettre une bonne lieue entre la route et moi, et lorsque je me sentis à l'écart de tous vestiges de civilisation, je cédai à une influence nouvelle de la solitude.

Là, on est livré à un isolement grandiose qu'un misanthrope envierait. Toutes les attaches sont rompues Mouvement, bruit, production, ces trois manifestations de la vie universelle expirent au seuil de la Paramera (1). Le soleil est l'unique relation qui continue d'être d'un monde dont on n'est plus. Point d'oiseaux qui passent, de feuilles qui tremblent et murmurent, de gazon qui verdoie. Le vent n'y courbe aucune herbe folle, ne s'accroche à aucun angle, ne gémit ou ne soupire aux branches d'aucun arbre; il se tait en traversant la solitude, muet comme la neige tombante, la seule parure qui change en hiver la physionomie éternelle du lieu. C'est l'empire du silence, profond comme dans un tombeau, majestueux comme dans un temple.

Depuis l'admiration tranquille jusqu'à l'effroi, la

---

(1) Plateau désert.

gamme entière des sensations peut être parcourue en montagnes; cela dépend des vêtements qu'elles portent et de leurs degrés d'inclinaison. A l'esprit délivré de la peur de s'égarer, le désert n'offre qu'une impression, mais elle est formidable : la fierté du moi s'élève à sa plus haute expression; l'orgueil d'être, le bonheur de vivre ne sont point bornés; l'âme mesure sa grandeur à l'espace que la vue domine. Seul devant la terre abaissée, comme Dieu devant l'infini solitaire, j'ai connu la joie de l'ange rebelle qui a cru un jour que le monde était à lui, et, malgré moi, j'esquissais des poses à la Buridan, ne regrettant que la privation d'un cheval pour fournir une carrière dans mon royaume d'une heure. La plaine morte me donnait l'ivresse de la vie.

VI

Toujours en marche, mais partout ailleurs que sur la route, jusqu'alors je ne m'étais rapproché des voyageurs que les mules de Castille traînaient à pas lents que pour sustenter mon pauvre et périssable corps; durant une de ces réfections, Dominique se plaignit d'être délaissé.

— Venez avec moi, lui répondis-je, je vous promets des émotions qui vous sont inconnues.

— Si j'avais encore mon andalou Békir! Mais vos sauteries à pied me fatiguent; restez avec nous.

J'y consentis. A peine avais-je pris place sur le devant de la charrette, à côté de lui, qu'une altercation survint. Mon voyage se continuait avec une heureuse diversité.

J'ai décrit l'intérieur de la galère; j'ai dit que dans cette sorte de fourgon, véritable capharnaüm, les chrétiens et les paquets étaient confondus. Par suite du balancement incessant du véhicule, il s'était produit des mouvements divers dans le chargement. A la longue, des colis s'étaient déplacés. Ainsi, le siége d'Anselmo s'était acheminé peu à peu du côté de l'épicier et de sa femme, relégués au fond de la charrette; il existait un vide à la place qu'il avait occupée, de sorte qu'Anselmo devait opter : ou s'asseoir dans le vide, disparaître, ne plus compter désormais que comme une malle, ou reprendre son siége dans l'appartement de son voisin du fond. Il avait bien essayé de ramener la malle vers le trou, mais la difficulté de l'opération, à cause de l'enveloppe, lui avait semblé si grande qu'il y avait renoncé; il suivait le siége errant, assis dessus. Mais il gênait considérablement les autres; eux et lui ne pouvaient faire un mouvement sans se heurter des coudes, des épaules et de la tête.

L'épicier, indolent, mais égoïste et bon époux, se dit que quarante-huit heures de mauvaise humeur contenue ne valaient pas un coup de poing donné à propos; donc il enjoignit enfin à l'intrus de se retirer :

— Vous voyez bien que je ne le puis pas, dit Anselmo; où voulez-vous que je me mette ?

— Vous nous écrasez ; nous avons l'air de trois pots de terre mal assujettis dans une caisse. Nous ne pouvons plus résister. Reculez !

— Encore une fois, c'est impossible, je n'ai pas d'autre place.

— Carajo ! voulez-vous reculer ? une fois, deux fois ?

— Non.

— De gré ou de force ?

— Ni l'un, ni l'autre ; vous m'embêtez.

Le mot n'est pas plus tôt lâché qu'il reçoit une poussée qui le jette dans le trou ; lorsqu'il se relève, sa place est prise par Domingués triomphant. Anselmo lui saute à la gorge ; les deux hommes s'entrelacent, s'étreignent. Aussitôt une clameur s'élève ; les cris perçants des femmes se mêlent aux grognements sourds des lutteurs.

Les deux épouses tirent leur mari chacune par un bras et se chargent d'invectives. Le jeune armurier insulte l'adversaire de son frère, Carlotta pousse des lamentations aiguës, Juana pleure ; sa mère, les bras étendus comme Niobé, nous supplie Dominique et moi, avec des cris déchirants, d'intervenir. On n'entend que ces mots : Séparez-les, séparez-les ! La confusion, dans un espace si restreint, est visible à l'œil nu.

La galère est arrêtée.

Je dis à Forfer :

— Tâchons d'attrapper une jambe ou deux de ces rustres, n'importe laquelle.

Immédiatement nous nous mettons à plat ventre et,

rampant sur les genoux des femmes, nous arrivons auprès des combattants. Dominique empoigne la cheville d'Anselmo et donne une secousse. Celui-ci tombe, je saisis l'autre jambe ; alors ensemble, nos quatre mains rivées à chaque tibia, nous tirons. L'épicier se sent entraîner, détend les bras et lâche ; Anselmo, tiré en arrière, lâche à son tour. Peu à peu nous l'arrachons de ce cul-de-sac et le traînons dehors, comme on arrache un renard d'un terrier. On le remet sur ses pieds, on va de l'un à l'autre, on les calme, la malle est réintégrée, et tout retourne à l'ordre primitif, si ce n'est que la mère prend la place de son fils.

— Comment voulez-vous, dis-je à mon compatriote, que ces deux êtres ne finissent pas par se manger le nez, à force de frotter leur museau l'un contre l'autre à chaque cahot de la voiture? Depuis que nous avons quitté Madrid, s'ils sont sortis de leur chenil, ils n'ont pas fait en tout deux cents pas sur la route.

— C'est qu'ils appartiennent à cette race de gens indifférents à tout ce qui n'est pas eux, que rien n'émeut quand rien ne les dérange. Vous les verriez arriver à destination comme des colis, si l'instinct animal ne les poussait dehors de temps à autre.

A l'agape suivante, les compétiteurs se réconcilièrent par notre entremise, le verre en mains. Chacun y mit du sien; l'on réussit à atteindre Salamanque sans de nouvelles disputes entre voyageurs.

Une fraîche voix de femme s'élève :

— Si nous dansions ? dit-elle.

— Dansons ! dansons !

Ce fut un cri du cœur, en chœur.

Quelqu'un objecte que l'on ne peut pas danser sans musique.

— Je chanterai, dit la senora Domingués.

— Ce n'est pas la même chose.

Dominique impose silence.

— Messieurs et Mesdames, dit-il, je possède bien une mandoline, mais elle est dans une malle, comment l'avoir ?

— Qu'à cela ne tienne, s'empresse de répondre le muletier, fou de la danse, nous trouverons moyen de la prendre.

Les femmes tournent déjà sur elles-mêmes. Jean, aidé de deux hommes, découvre la malle de Forfer. Celui-ci en retire l'instrument ; sa vue provoque des cris joyeux.

Dominique était un musicien de talent, compositeur, à ses heures, de valses qu'on dansait et de romances qu'on chantait dans son pays. En outre, bien que son instrument de prédilection fût le violon, il savait exécuter des airs passables avec tous les instruments.

Il attaque une jota irrésistible, qui a pour effet de jeter dans les bras les uns des autres l'épicier et Carlotta, Juan et Mme Domingués, Anselmo et sa sœur Juana, Pedro, le petit armurier, et la femme d'Anselmo.

Moi, galerie, je m'estimais le plus heureux de voir les danses nationales de l'Espagne, la *jota*, le *fandango*, le *bolero*, la *seguidillas*.

Cette halte, semblable à un campement de *Gitanos*

qui rappelait, par notre maison roulante, leur existence nomade, par les reliefs du repas et les ustensiles de ménage leur cuisine dérisoire, par la spontanéité du plaisir leur insouciance du lendemain, cette halte poétique sous un beau ciel bleu, au milieu de la plaine abandonnée, peut-on l'oublier jamais?

VII

— Forfer?

— Saint-Egrève!

— Au revoir.

— Tu nous quittes encore?

— Regarde l'intérieur de la galère : Anselmo est tout miel, Domingués est tout cire; les femmes ont recommencé à chanter *à mezzo voce* leur éternel refrain de *Ya lo se ;* on dirait un bourdonnement d'abeilles dans une ruche paisible. Je n'ai plus rien à faire ici, je repars.

— Si tu ne t'écartes pas, je vais avec toi.

— Soit, mais comment espérer l'imprévu cher aux voyageurs sur une route plate comme un ver solitaire et aussi réjouissante que lui? Me servira-t-elle la distraction d'un mamelon ombragé ou d'un coteau pointillé de vignes et bordé de châtaigniers, une grosse ferme comme celles de mon pays, ou une métairie coquette, comme celles du tien, se mirant dans une mare où barbottent des canards? Montre-moi à cent mètres, à une lieue, à six lieues, un château lézardé, plus ou moins enguirlandé de lierre, dont les murs récèlent les fastes de l'histoire locale. Il n'y a pas seulement une croûte de vieux saule à se mettre sous la dent. Cette route est un trait tiré au crayon sur une page blanche. La pensée va, vient, tournoie dans le vide et ne trouve à s'arrêter nulle part.

— Voici un petit édifice au bord de la route, où elle pourra se poser comme un oiseau sur un toit.

Le monument désigné était une chapelle, sous le vocable de *Cristo del coloco ;* la porte en était fermée, mais une ouverture grillée à hauteur d'homme permettait de distinguer à l'intérieur un grand Christ en croix au-dessus d'un autel nu.

Il y avait quelqu'un que nos agitations ennuyaient énormément, c'était l'arriero : sa gravité castillane souffrait du voisinage de notre turbulence d'écoliers en récréation; nous lui faisions l'effet de mouches importunes, et il ne pardonnait pas à des êtres jugés incohérents et absurdes de déranger son calme flegmatique, si indirectement que cela fût. Tout son fiel amassé jaillit en un mot qu'il laissa échapper à la hauteur de la chapelle.

— Gabachos! murmura-t-il.

Forfer s'arrêta net:

— As-tu entendu? dit-il.

— Oui.

— Ce gaillard-là vous a un aplomb...

— D'aplomb, fis-je comme un écho...

— Qui vous déconcerte.

— Certes.

— Allons-nous supporter qu'il nous injurie?

— Ris.

— Je n'ai pas envie de rire; il faut lui dire son fait. Est-ce ton avis?

— A vie.

— Solide?

— Solide.

— Allons...

— Y.

Nous marchons sur le muletier, et Forfer lui parle ainsi :

— On ne vous a jamais tiré les oreilles?

— Je ne pense pas, répond l'autre avec arrogance.

— Eh bien! mon ami et moi, nous vous procurerons ce plaisir. Rien de plus facile; vous n'avez qu'à dire à voix haute ou basse: Gabachos, de manière à ce que nous l'entendions, et vous êtes servi.

— Je n'ai pas...

— Suffit, vous pouvez compter sur nous, nous n'avons qu'une parole.

L'arriero baisse la tête et se venge à coups de fouet sur ses mules.

Gavacho ou *gabacho* est un terme de mépris que l'orgueil espagnol jette à tous les étrangers, particulièrement aux Français. « C'est un *gavacho*, » cela veut dire : « C'est un Français, un sot, un étranger, un ennemi. »

Nous déjeunons à Villacastin, pueblo doté d'une belle église et d'un chocolat exquis. Le chocolat est le luxe alimentaire de l'Espagne ; il est bien peu de bourgades où il n'ait pénétré ; exquis, je le répète, mais dommageable à la santé ; j'attribue les innombrables gastrites qui sévissent parmi les estomacs de la Péninsule aux propriétés irritantes du chocolat à l'eau, dont le fréquent usage même est un abus. « C'est mon opinion et je la partage », comme disait un clerc de notaire que j'ai connu facétieux dans sa jeunesse et gâteux à la maturité de son âge.

La nuit tombait. Le pueblo de Labajos, que nous ne devions pas dépasser ce jour-là, profilait ses maisons basses sur les teintes ambrées du couchant. Forfer et moi, en avant de la galère, nous descendions une légère courbure du sol. Je lui racontais les prouesses de mes dix-sept ans quand, sorti du collége d'où j'avais été chassé pour cause d'exaltation révolutionnaire, je courais les fêtes des villages voisins du mien, mêlé à toutes les rixes, plus souvent battant que battu. Ma faconde m'échauffait, Dominique s'intéressait à mes récits ; sans nous en apercevoir, nous nous rapprochons d'un groupe d'individus vêtus en paysans déguenillés, assis à terre. Je les vois, je m'arrête ; aussitôt ils se lèvent et viennent à nous de front en barrant la route. Ils sont quatre.

— Mauvaise rencontre, dit Forfer à demi-voix.

Je n'ai pas la force de répondre ; je sens mon gosier se sécher, les cheveux me faire mal, mon ventre se coller à mon dos, mon âme, en un mot, s'en aller sous moi. De même que Philémon fut métamorphosé en olivier, l'homme qui était dans ma chemise se changeait en guenille.

J'entends :

— Senores, vayan ustedes con Dios.

La bande se divise, nous passons.

— Est-ce que je rêve?

— Non, tu ne rêves pas, dit Dominique, retourne-toi.

Au sommet de la colline, la capote de toile de la galère décrivait un cercle sombre comme une demi-lune voilée à la ligne d'horizon. On aurait dit un grand œil de justice ouvert d'en haut sur le drame humain pour en noter les responsabilités. Brave galère ! elle était plus que la justice, elle était le secours survenu au moment psychologique. Grâce à son apparition opportune, nous recevons des saluts courtois au lieu de coups de couteaux entachés de brutalité.

Voilà pourtant comme je suis ! J'ai traversé certains périls réels avec la sérénité du juste d'Horace, et parfois l'aboiement d'un roquet arrivant à l'improviste me fait blémir de peur. Trop de nerfs à la clef!

Je demande à Dominique s'il a cru à une attaque.

— Mon cher ami, don Pascual Madoz, auteur d'une grande autorité, va te répondre par induction :

« Les principales routes de la Catalogne présentent des passages fameux pour les crimes qui s'y sont commis. On pourrait citer un grand nombre de points où le regard du voyageur peut s'arrêter sur bien des signes palpables d'attaques contre la propriété et contre la sûreté personnelle. Citons-en deux : l'un, entre Cervera et le Bruch, sur la grande route de Madrid à Barcelone ; l'autre, au col de Balaguer, sur le chemin de Catalogne à Valence. Ce serait une effrayante histoire que celle de ces deux passages, dont la robuste végétation a pour aliment des milliers de cadavres à peine recouverts par une légère couche de terre. »

Or, la Catalogne n'est pas au premier rang dans le tableau de la criminalité en Espagne.

— De cela il faut conclure ?

— Que : *la Pelegrina* un peu moins courageuse, *la Coronela* un peu plus nonchalante, nous étions saignés comme des poulets.

VIII

Des signes de renaissance et de fertilité étaient visibles à Villacastin ; ils s'accentuèrent au-delà de Labajos ; à partir d'Arevalo, ville close de murs et jolie, sur le Rio Adaja, et où nous prîmes un chemin de traverse qui devait nous mener plus directement à Penaranda de Bracamonte, nous entrâmes en pleine contrée agricole. Des chars attelés de bœufs noirs roulaient dans les terres arables ; des laboureurs étaient espacés, occupés à des travaux divers ; la plaine, comme un plan géométrique, était jalonnée de clochers. De ces clochers s'envolaient de gros oiseaux qui passaient au-dessus des villages, et, par le battement de leurs grandes ailes, mettaient dans l'air une animation extrême. Je reconnus la cigogne ; j'appris que la tour de chaque église renfermait un nid respecté de ces oiseaux, nid aussi-ancien qu'elle ; à la constance de leur séjour au pueblo était attachée une idée superstitieuse de bonheur.

L'après-midi, le temps se couvre ; la pluie, qui nous a épargnés jusque-là, commence à tomber, et dans ce sol gras, non empierré, transforme notre chemin en bourbier. Les mules, fatiguées tout à la fois de la longueur du voyage et du tirage de plus en plus pénible, après s'être épuisées à sortir de plusieurs ornières, engagent la charrette dans une sorte de mare, au milieu de la route, donnent un coup de collier suprême, et refusent tout-à-fait d'avancer. Le muletier les excite de la voix, du fouet, les frappe à tour de bras ; peine perdue ! nous sommes embourbés.

Jean fait appel à la bonne volonté des hommes. Les Français, toujours prêts à payer de leur personne et portés par tempérament à se divertir en voyage de tout ce qui est contrariété, se préparent à l'aider. Il n'en est pas de même des parents de Forfer, qui cependant, de mauvaise grâce, descendent. Mais Domingués, qu'on sollicite de prêter main-forte, non-seulement s'y refuse, mais ne veut pas même mettre pied à terre afin de soulager les mules.

Il a payé, dit-il, pour être traîné et non pour traîner; est-il une bête de somme? Du reste, si l'on sort de ce bourbier, on ne tardera pas à retomber dans un autre. Il connaît le chemin. Doit-on faire ce métier-là toute la journée? Que le muletier aille demander des mulets de renfort. Le village le plus proche n'est pas si éloigné! Quant à lui, il laisse faire les ardents, qui se mouillent et s'éreintent dans le but peu intéressant d'épargner, sans y réussir, quatre ou cinq réaux au muletier. Bref, qu'on le laisse tranquille.

Tant de logique ne nous décourage pas; nous nous surmenons en efforts infructueux de force et d'adresse. L'attelage reste dans le mauvais pas, et nous sous la pluie.

— Ah! des navets! dit enfin Forfer, en sortant du marais où la boue monte à ses genoux.

— Ah! du flan! fais-je à mon tour.

Et tous deux trempés et souillés, l'un sous sa cape espagnole, l'autre sous son burnous, nous nous adossons à une roue de la charrette.

Et senor Domingués colle son muffle contre la bâche, puis, par un trou de la toile, lance un rire moqueur et sonore. Cet homme manquait de savoir-vivre; la querelle d'Allemand qu'il avait cherchée à Anselmo l'avait assez prouvé.

Par suite de l'inanité de nos tentatives et de notre défection, Juan se décide à aller quérir du renfort au prochain pueblo.

Je n'avais pas porté mon burnous depuis mon voyage de France à Madrid; en fouillant par hasard dans une des poches de côté, j'en ramène un paquet assez volumineux ; je le reconnais et je pousse un ah ! de saisissement.

— Qu'est-ce qui te prend ? exclama Dominique.

— Mes lettres de recommandation, mon cher ami, mes lettres de Paris, que j'ai tant cherchées !

— Comment, elles n'étaient pas plus cachées que ça? et tu ne les trouves pas, lorsque, de par une nécessité impérieuse, il fallait les trouver ? Deux poches de paletot, deux poches de pardessus et une malle à visiter, pas davantage, et ces lettres si précieuses échappent à tes recherches ! C'est incroyable ! Décidément le libre arbitre n'est qu'une fantasmagorie de l'esprit. Nous sommes des hannetons avec un fil à la patte entre les mains du Destin, qui s'amuse de nous. Quand nous voulons aller à droite, il tire, et nous allons à gauche. Je ne sais pas s'il a des plans, à coup sûr il a des caprices ! Le roman comique que tu vis présentement révèle une fantaisie corsée.

— Il lui a plu, clairvoyant ou aveugle, d'abattre mon orgueil ; mais je lui dois d'entendre la pluie battre les ailes de mon chapeau dans un chemin détourné de la vieille Castille, ce qui est préférable au plaisir d'aligner des chiffres derrière un comptoir. Triste sort évité !

L'arriero revient en compagnie d'un bouvier et de deux bœufs sous le joug. Aidées des fortes bêtes, les mules arrachent la galère de l'ornière, et successivement de trois ou quatre autres, en moins d'une demi-heure, jusqu'à l'entrée du pueblo, fin de l'étape. Nous avions fait environ cinq lieues.

Les provisions que nous avions renouvelées à Labajos, réunies à celles d'Arevalo, nous procurèrent un dîner passable.

L'auditeur de ce récit qui ne serait pas sorti de France serait porté à croire que le voyageur, sa journée finie, entrant dans une posada, n'a qu'à déposer son manteau et s'asseoir, l'estomac ouvert, à une table couverte d'une nappe blanche et servie; erreur : dans la plupart des auberges de village, à la question naturelle que vous faites à l'ama (maîtresse de maison):

— Qu'avez-vous à me donner ?

Il vous est répondu par ces paroles devenues proverbe :

— Ce que vous apportez.

L'hôtesse vous prête son feu, apprête les mets, mais ne se dérange pas toujours pour aller marchander les œufs et la poule maigre qui sont votre repas. Pensez si c'est un agrément de courir, affamé, après un souper chantant encore au poulailler ou aux champs.

La posada de ce pueblo est mal notée sur mes tablettes : de vilaines épithètes, tombées alors de la bouche des voyageurs et recueillies, entourent sa mémoire. J'eus pour ma part un lit caduc, avec des draps de couleur si sombre, que vingt-cinq rustres avaient dû les imprégner de leurs sueurs accumulées; la terre battue et humide, qui servait de plancher, n'était pas plus engageante. Je me jetai sur ma couche tout habillé, frissonnant de dégoût.

Cependant cette maison sordide renfermait un trésor de beauté : la servante du logis qui nous servit à table était grande, bien faite, jolie, et qui plus est, *rara avis*, affable.

Sa chevelure noire, ramassée en paquet au sommet de la tête, lui donnait une distinction étrange. La splendide créature regardait les étrangers avec une curiosité nuancée de respect, quoiqu'un séjour déjà long en Espagne les eût fondus dans le moule espagnol ; eux la regardaient aussi avec une curiosité avivée d'un sentiment qui n'était rien moins que du respect.

IX

Le lendemain, un dimanche, les rayons chauds du soleil séchèrent les chemins devant nos pas. Le tirage n'en était pas moins pénible, nous n'avançions que très lentement. Mme Forfer me montra tout près, au milieu de la plaine, une ville qui, par ses murailles rondes, ressemble à un gâteau de Savoie posé sur une table ; j'ai retenu son nom : Madrigal.

Comme la veille, de profondes ornières arrêtèrent plusieurs fois la galère. A la dernière, le soir, il fallut le secours des bœufs. Pendant que Juan faisait son métier, l'idée de danser sourit simultanément à plusieurs.

Dominique fit courir ses doigts sur la mandoline.

— Allez, Messieurs, s'écria-t-il, invitez vos danseuses!

Vint à passer un *majo* (jeune homme du peuple, élégant) avec une jeune fille, endimanchés; on leur fit une invitation, ils furent séduits et entraînés dans le tourbillon de la danse. Un instant après, un autre couple nous rejoignit ; il fut aussi vite attiré que le précédent.

Les costumes des nouveaux venus brillaient comme dans une féerie par cette lumière de printemps. Les cavaliers portaient des vestes très courtes, ayant des pots à fleurs ouvragés au milieu du dos et des soutaches dessinées à toutes les bordures. Un brillant agrafait au cou la chemise brodée, sans col ; une ceinture rouge, à larges plis, entourait leur torse cambré; un des bouts pendait en torsade sur la culotte violette, serrée aux genoux par des agrafes d'argent. Des bas à jour complétaient la mise ; les pieds chaussés d'escarpins, la tête coiffée d'une montera (1) de velours. Lorsqu'ils dansaient, des rubans piqués aux épaules flottaient au vent, et des aiguillettes pendantes à leurs genoux faisaient un léger bruit de grelots.

Des deux femmes, l'une avait un jupon rouge, l'autre un jupon jaune en drap de Ségovie, éclatants. Le velours du corsage était guilloché d'ornements ; mantille de velours avec glands rouges aux deux bouts, pagodes

---

(1) Coiffure à bords retroussés, originale et coquette.

de soie rouge tombant sur les mains. Toutes deux portaient d'immenses colliers de corail, ornés de médailles d'argent et de figures de saints, enroulés autour du cou et des épaules.

Que sont nos fêtes du Nord, dansantes et parées, à côté de ces fêtes de la couleur !

Celle-ci finie, nous nous plaçâmes en rang, deux par deux (à la fin du bal, on m'avait gracieusement donné Carlotta pour ma dame), et notre ménétrier à dix pas en avant (vous savez ? l'homme dévoré par ses soucis !), pinçant de la mandoline, nous nous acheminâmes, avec le cérémonial d'une noce en marche, vers le pueblo où nous devions coucher.

Au village, tout le monde était aux portes pour nous voir passer. On se demandait ce qu'était ce cortége; après l'avoir appris, l'on criait : Bravo ! Ce fut ainsi que, musique en tête et cris de bienvenue sur les flancs, la joyeuse troupe arriva à la posada. La moitié de la population mâle du pueblo nous y suivit ; il fallut trinquer et boire avec ces bonnes gens. Et quand Forfer et moi nous allions nous dégager et reprendre notre liberté, un vieillard de haute taille, faisant irruption dans la salle, se précipita vers nous :

— C'est vous qui êtes les Français, s'écria-t-il.

— Oui, Monsieur.

Il nous empoigna de chaque main, et se mit à tirer en boîtant du côté de la porte ; avant que j'eusse le temps de revenir de ma surprise, il dit :

— Je veux que nous buvions ensemble ; je veux que vous dîniez avec moi, dans ma maison. Ne me refusez pas cet honneur, ou, sur ma parole, vous me briseriez le cœur.

Comme je résistais et portais la main à ma gorge enflammée, Dominique me fit un geste résigné, et nous suivîmes l'inconnu dehors.

Tout-à coup il s'arrêta :

— Messieurs, dit-il, parlez-moi français, je vous prie.

— Forfer prononça quelques mots.

Le visage du vieillard s'illumina ; il poursuivit :

— Je ne comprends pas votre langue, mais ça me fait plaisir de l'entendre ; il y a plus de quarante ans que je ne l'ai pas entendue, il y a plus de quarante ans que je n'ai pas vu de Français. Le bon Dieu m'a exaucé, je suis content.

Il reprit le bras de mon compagnon, et nous fit entrer dans une maison qui, comme les autres, n'avait qu'un rez-de-chaussée.

— Teresa, dit-il à une vieille femme assise sur un tabouret au coin de la cheminée de la cuisine et qui, en nous voyant, se leva, je t'amène les Français. Traite-les de ton mieux, tue une poule, tue-s-en deux ; massacre tout au poulailler s'il le faut, fais une omelette, fais ce que tu voudras, mais vivement à dîner, hein ? En attendant, apporte du vin. Messieurs, asseyez-vous.

Je devinai un fait touchant à l'honneur de mes compatriotes ; mais comment trouver une accalmie dans cette tempête de joie pour demander une explication ? Après des protestations d'amitié sans nombre, l'explication vint d'elle-même. Ce fut à dîner qu'il raconta son histoire ; il la commença à l'omelette, la continua au rôti, l'amplifia au fromage, la radota au vin chaud ; il ne l'aurait pas terminée à l'heure où nous sommes, s'il n'était mort depuis longtemps et si nous n'avions pas pris congé à une heure avancée de la nuit.

C'est un récit de guerre bien ordinaire, mais les cœurs de deux nations s'y rencontrent et y palpitent à hauteur égale ; c'est pourquoi j'en donne un abrégé.

Jean Turrientes fut enrôlé en 1808, au commencement de la guerre de l'indépendance ; il combattait sous la Cuesta ; son corps d'armée était en ligne à côté des Anglais, à la bataille de la Tavalera de la Reyna.

A la fin de la deuxième journée, atteint d'un coup de feu au genou droit, il tomba et s'évanouit. Il revint à lui au milieu des blessés ennemis ; on l'avait sans doute jugé Français et relevé par méprise. Il était enfermé dans ce préjugé général de sa patrie, qui consistait à croire les Français des monstres de cruauté. Cruels, ils l'ont été par représailles, non d'origine. Mourir enterré vivant ou décapité, ou empoisonné, ou fusillé, son esprit prévenu et affaibli oscilla toute la nuit dans l'attente de l'un de ces supplices. Au matin, il vit venir un chirurgien flanqué d'aides, qui parut surpris de le voir, visita sa blessure, y posa un appareil, sourit et passa à d'autres. Les Français n'achevaient pas les blessés espagnols ! Celui-ci revenait de si loin en pensée, que, par un revirement subit, il aima tout de suite comme des frères ses ennemis d'hier et de demain ; il suivit en cacolet l'armée française dans sa retraite, et le séjour forcé de six semaines qu'il fit à un hôpital de Madrid, soigné et traité avec égards, ne fit qu'augmenter son nouveau penchant..... Il retourna, infirme de corps, à son pueblo, mais l'âme embellie d'une vertu qu'il ne se connaissait pas, et rare parmi les hommes, la reconnaissance.

En 1812, il apprit un jour que deux cavaliers français égarés avaient été arrêtés par la population entre Madrigal et Cantalapiedra. Il courut à l'endroit indiqué aussi vite que son infirmité le lui permit. Il arriva trop tard, les deux infortunés dragons avaient été tués et dépouillés; ils gisaient dans un champ, lapidés après leur mort par des enfants. En face de l'irréparable, l'ancien soldat de Talavera obtint du curé du village le plus proche qu'ils eussent une sépulture au cimetière. Ne pouvant leur sauver la vie, il les honorait dans la mort.

Les cinquante lignes de narration qui précèdent sont la quintescence d'un bavardage de quatre heures, entrecoupé de coups de poing sur la table, d'effusions de cœur, d'envies de nous embrasser, et d'exclamations joyeuses.

Nous nous levâmes. Les mains du vieux guerrier pressées entre les nôtres, nous l'assurâmes de notre considération distinguée; il nous retenait; sa femme intervint, invoqua notre besoin de repos; alors il nous reconduisit et ne nous lâcha que chargés de ses souhaits, à la porte de l'auberge. Nous entendimes son pas inégal compter, en s'éloignant, un et deux, trois, un et deux, trois, un et deux trois, et son mouchoir extraire de son nez une note grave qui nous laissa une haute idée de sa sensibilité.

X

Lundi, sixième et dernier jour de voyage. Longue étape, temps sombre. Trouvé près d'un petit étang une marguerite, la première fleur de la saison; je la mis dans mon portefeuille; plus tard je l'ai envoyée, de Salamanque, à une amie de France.

A neuf heures du matin, passage à Penaranda, ville de trois mille âmes, qui ne nous offrit d'intéressant que la persévérance de Forfer à vouloir satisfaire une envie de viande fraîche et rôtie, envie malheureuse qu'il poursuivit à travers quatorze boutiques d'épiciers-charcutiers. Enfin, il sortit de la dernière avec la moitié d'un agneau rôti, phénomène de sécheresse et de maigreur.

— Quelle marchandise de cordonnier nous apportes-tu là, lui dis-je? Encore que je vais en goûter! Tu t'es trompé de porte, c'est chez le corroyeur que tu as fait ton emplette?

— Que veux-tu? je n'ai pas trouvé autre chose.

— A Penaranda?

— De Bracamonte.

— Alors c'est le cas ou jamais de chanter :

« Sous le beau ciel de l'Espagne,
« Sans boire, ni manger, voyager. »

Nous prenons la route d'Avila à Salamanque. C'est à qui me fera voir les tours de la cathédrale de Salamanque, à une distance de six ou sept lieues dans la plaine. Toute la matinée, elles furent en vue. L'après-midi, le temps se brouilla et devint très mauvais. Une pluie fine voila à demi les seconds plans. Des oliviers épars tachetaient de leurs boules noires la campagne grise et assombrie.

Pour la première fois depuis notre départ, je pris un repos de quelques heures, agrémenté de pluie distillée par la toile de la charrette sur mon chapeau et mon burnous.

La maussade journée finit par une espièglerie de Juan, laquelle, si elle n'était vraie de tous points, pourrait s'ajouter à un recueil de fables, car elle a une morale et porterait le titre suivant :

LE MULETIER ET LE MOUTON.

Or, il advint une fois qu'un muletier, nommé Juan, qui transportait dans sa galère, de Penaranda à Salamanque, en Castille vieille, des colis de marchandises de tous genres et des chrétiens de nationalités diverses, rencontra sur la route un beau mouton bêlant. Sa cupidité alerte spécula de suite sur l'occasion, à la façon accoutumée des voleurs.

— Tu as perdu ton maître, dit-il, ne pleure pas, viens avec moi, j'aurai soin de toi jusqu'à l'heure de l'ouverture de la boucherie du gros Marino, demain matin; seulement, la grâce que je te demande, c'est de ne pas crier, sinon je serre la margoulette.

Et il le prend dans ses bras. Les naïfs voyageurs lui demandent ce qu'il veut en faire.

Alors Juan d'une voix câline :

— Mes bons Messieurs, permettez que je le mette à côté de vous.

— Voulez-vous nous laisser tranquilles? lui répond Forfer en colère. Encourager le vol, avoir près de nous cette bête puante, jamais!

— Volé, ce mouton? Vous voyez bien qu'il n'est à personne.

— A personne! Un mouton sans maître, indépendant comme un loup? Impossible.

— Il est abandonné sur la route, et vous connaissez le proverbe : Ce qui est bon à prendre est bon à garder.

— Proverbe de coquin, mon ami. Lâchez votre proie. Juan, croyez-moi, ayez un bon mouvement. Laissons les roses au rosier et les moutons au berger.

— Donnez-vous donc la peine de descendre, vous verrez qu'il est abandonné.

— Il est galeux, alors?

— Sain comme mon œil. Voyons, une petite place entre vous, Messieurs les Français, pendant une demi-heure, pas davantage, je ne suis pas bien exigeant.

De guerre lasse, les voyageurs cèdent et acceptent en maugréant le voyageur à quatre pattes. Mais Dominique tire sa montre et dit :

— Juan, si dans une demi-heure, vous n'avez pas enlevé votre bête, je vous préviens que j'en débarrasse notre siége.

— Oui, oui, Messieurs, c'est convenu.

Cela dit, maître Juan empoigne le manche de son fouet par le petit bout et assomme ses mules de coups.

Les pauvres bêtes n'ont un peu de repos qu'après avoir quitté leur pas lent et régulier pour la vitesse du trot; dès qu'elles manifestent la velléité de reprendre leur allure ordinaire, les coups recommencent avec accroissement de vigueur. Pour les voyageurs, ils ne savent ce qu'il faut le plus mépriser, de leur lâche complicité ou de la scélératesse de l'arriero.

Il se vit ce qu'on n'avait pas encore vu, une galère roulant au grand trot de son attelage! De minute en minute, Juan se retourne et dessine chaque fois une cabriole en courant à côté des mules. Cela nous donne à penser qu'il ne craint personne à ses trousses.

La demi-heure écoulée :

— Juan, dit Forfer, vous vous rappelez nos conventions. Otez votre bête, et vivement, ou je la jette; elle nous empoisonne.

Le muletier remet au pas les mules exténuées, il exulte. Il sort une corde d'un petit sac de toile suspendu sous la charrette, lie le mouton par les quatre pattes, s'en va l'attacher à un barreau de derrière, et le laisse ainsi la tête en bas, pendante. Ensuite, comme il pleut, il revient prendre la place chaude du mérinos.

— Vous êtes content? lui dis-je.

— Ah! c'est une bonne affaire!

— Est-ce que vous en concluez souvent de pareilles?

— Non, malheureusement.

— C'est heureux. Dites-moi, combien vaut votre acquisition?

— Je ne la donnerais pas à moins de soixante réaux (quinze francs).

— Elle est meilleure que celle de notre agneau à Penaranda. Et qu'allez-vous faire du produit de votre vol?

— La belle question! le vendre au boucher en arrivant, mais ce n'est pas un vol.

— Au contraire, c'est soixante réaux que vous donnez de votre poche au propriétaire du mouton.

Un gros rire enfla ses joues.

Toutes les dix secondes, l'animal à la torture lançait un gémissement prolongé, ce qui devint tout à fait insupportable et souleva, du sein de la compagnie, d'amères récriminations.

— Pourquoi ne le tuez-vous pas? disaient-ils, ce serait fini.

— Oh! que non pas! je perdrais vingt réaux sur ma vente. Prenez patience, Messieurs, nous ne sommes pas loin de la ville maintenant.

En effet, la nuit était venue depuis longtemps, la pluie avait cessé, et la lune, pleine, éclairait les formes d'une ville sur une hauteur éloignée.

XI

L'arriero fait un mouvement de côté; brusquement, il s'écrie :

— Je n'entends plus bêler !

Il saute à terre et court derrière la galère. Des jurements épouvantables réveillent les voyageurs en sursaut. Chacun, anxieux, interroge : Qu'est-il arrivé ? un accident ? quoi donc ? Mais lorsqu'à travers les éclats de voix furieux, nous distinguons ces mots en détente :

— On m'a volé mon mouton !

De toutes parts s'élèvent des cris de soulagement.

— Si cela pouvait être !

— Nous en voilà délivrés.

— En êtes-vous sûr ?

— Mais oui. L'entendez-vous crier ? pas le mouton heureusement, l'homme ?

— Nous a-t-il embêtés avec son mouton, bon Dieu !

— Jamais meilleure farce !

— Splendide !

— Le voleur volé !

— A ratero (voleur) ratero et demi.

— Mais où est-il donc ?

— Il galoppe, écoutez-le courir sur la route.

— Il le trouvera.

— Il ne le trouvera pas.

— S'il est tombé de la charrette, il le trouvera.

— Puisqu'il a été volé, il ne le trouvera pas.

— Le voici, je l'entends.

— Qui? le mouton?

— Non, l'homme; il revient la tête basse, tout seul.

— Bon, tant mieux!

— Eh bien! Jean, c'est fini! Il est perdu?

Jean marche à côté de la mule Pulia et ne dit rien.

— Voyons, Jean, mon ami, un peu de courage! Après tout, il faut se faire une raison. Il ne vous avait coûté que la peine de le ramasser.

— Mais, répond Jean d'une voix éclatante et en se redressant, on m'a aussi volé ma corde, une corde toute neuve!

Les plaisanteries redoublent sur le ton de la commisération, douce vengeance!

— Vraiment, votre corde aussi? c'est ne pas avoir de conscience. Le procédé est peu délicat.

— Vous, Juan, honnête voleur, nous vous connaissons, vous êtes un homme à prendre un mouton, mais vous auriez laissé la corde!

— Il y a tant de mauvais sujets qui ramassent tout ce qui n'est pas perdu sur les routes, en disant que ce qui est bon à prendre est bon à garder!

Non-seulement le mouton, encore la corde! quelle audace!

— Une si belle corde!

— Toute neuve !

— Et un si beau mouton !

— Ah ! pour un beau mouton, c'était un beau mouton !

— Et une bien belle corde !

— Toute neuve, n'est-ce pas, Juan ?

— Et ses mules qu'il a mises sur les dents ! Pauvres bêtes, elles ont travaillé pour le roi de Prusse !

— Et Jean a travaillé pour plus fin que lui.

— Le pauvre homme ! Il ne lui reste pas même sa corde neuve pour se pendre.

— Cela ne peut pas se passer comme ça. Il faut déposer une plainte entre les mains de l'alcalde du premier pueblo où nous allons passer. Nous vous servirons de témoins.

— Nous jurerons de dire la vérité.

— Rien que la vérité.

— Et il vous sera rendu la justice que vous méritez.

— Ne faites pas aux autres ce que vous ne voudriez pas qu'on vous fît.

— Dieu est dans le ciel qui voit les tricheries !

— Où l'on s'y attend le moins, saute le lièvre !

— Mieux vaut un moineau dans la main que la grue qui vole au loin.

— A qui pétrit le pain ne vole pas le levain.

— Qui convient du prix n'a pas de dispute.

— A donner et prendre, gare de te méprendre !

— Qui vient chercher de la laine s'en retournera tondu.

— Que le bien qui vient soit pour tout le monde, et le mal pour celui qui l'est allé chercher !

— Le mouton s'en va aussi vite que l'agneau.

— Quand on te donne le mouton, mets-lui la corde au cou, et quand le bien arrive, mets-le dans ta maison.

— Bien des gens croient qu'il y a des quartiers de mouton où il n'y a pas seulement de crochet ni de corde pour les pendre.

— Juana, reprit Dominique, passe-moi ma mandoline, que je chante sur un rythme lent et plaintif l'infortune de Jean et de son mouton, et vous, Jean, chantez avec moi, car, vous savez: qui chante ses maux enchante.

Jean secouait ses oreilles sous l'avalanche de quolibets et de proverbes, de même que peu avant il secouait sa montera sous la pluie.

A onze heures du soir, nous entendons les eaux de la Tormès se briser contre les vingt-sept arches du vieux pont romain; au-delà est couchée la ville silencieuse. La galère monte une côte et s'arrête en dehors des murailles, sur une petite place ombragée d'arbres, pour y stationner jusqu'au lendemain. Le muletier détèle.

A quel parti se résoudre ? Il serait imprudent d'aller troubler le premier sommeil des maîtres d'hôtel, affables le jour comme des dogues enchaînés; l'on résolut de finir la nuit dans la galère. Chacun s'y réintégra, dormit ou songea.

La pluie me réveilla au petit jour, mouillé et transi. Je dis: Au revoir! à mes amis; Adieu! aux autres, puis renseigné sur la direction qu'il fallait prendre, j'entrai à Salamanque.

SALAMANQUE

I

Salamanca, cité illustre, salut !

Au temps de ta diffusion intellectuelle, un étranger, inconnu alors, venu pour convertir à son idée les savants docteurs de ton Université, séjourna dans tes murs. Quatre siècles après lui, le voyageur Pablo admire les maisons antiques que Christophe Colomb voyait à peine d'un regard distrait, effleure de son pied les pavés sur lesquels il a posé les siens, passe par les rues où ce croyant promenait son grand rêve obstiné.

Un autre grand esprit, étudiant de Salamanque, habita la calle de los Moros vers l'an 1560. Ensuite il fût soldat glorieux, captif sublime, commis intègre et persécuté, écrivit en prison la première partie de son livre immortel, vieillit pauvre, délaissé, et mourut oublié. Telle a été la destinée de Miguel de Cervantès Saavedra, qui remplit de son nom l'Espagne lettrée, et, de son œuvre, l'Espagne romanesque.

Bon et digne chevalier de la Manche ! Sa grande figure a un attrait si vif, un relief si puissant, une personnalité si sympathique, que l'on ne se résigne qu'avec peine à ne voir en lui qu'un être imaginaire. Son fantôme accompagne partout l'étranger voyageant à dos d'âne ou de mulet, en cette Espagne si peu changée depuis lui. Les hôtelleries où l'on s'arrête, les troupeaux de moutons et les bergers que l'on rencontre, les ailes des moulins que l'on voit tourner, les sierras arides que l'on parcourt, les sentiers poudreux de la plaine que l'on suit, les costumes des habitants qui vous saluent, en un mot la nature, les hommes et les choses vous entretiennent des aventures, lesquelles pourraient recommencer sans anachronisme, de l'ingénieux hidalgo et de son fidèle écuyer.

La quantité de monuments religieux et profanes que le génie des arts a répandus autrefois dans Salamanque lui a valu le surnom de petite Rome.

J'allais, étonné et charmé, d'une église à un couvent, d'un couvent à un palais. Tous ces édifices avaient la teinte chaude et orangée de la pierre de taille des climats méridionaux; l'œil n'était pas choqué par les suintements hideux et par les larmes noires dont le brouillard du nord barbouille les monuments sous un climat moins clément. Mon regard plongeait au fond des chapelles illuminées par les portes des arceaux, toisait les hauts portails sculptés des couvents, et s'égarait aux façades à demi cachées sous l'ornementation prodigue de la renaissance. C'était bien la ville espagnole avec ses portes hérissées de gros clous, ses blasons surmontés de casques, cimiers et panaches, ses petites fenêtres grillées, ses balcons en fer tordu, ses miradores aux fines moulures, ses statuettes de saints en saillie sur les murs ou en retraite dans leur épaisseur, ses toits avancés, ses échoppes d'artisans et ses boutiques sombres.

Des arcades de la plaza Mayor, je débouchai dans la rue de Zamora. Miguel m'apparut à l'autre bout; il venait de mon côté, nous nous rejoignîmes. Les nouvelles échangées, il me montra une maison ornée comme beaucoup d'autres et me dit : C'est là.

Avant d'entrer, j'examinai au-dessus de la porte une niche occupée par un saint Jean-Baptiste en pierre, de demi-grandeur naturelle. En face de la porte, je vis une autre porte vitrée donnant sur une petite cour fermée, encadrée de siéges de jonc. C'est le *patio*, le réduit frais où se réfugient les maîtres durant la grande chaleur de la journée. A droite et à gauche, des escaliers conduisent au premier étage.

Nous montâmes à la cuisine, spacieuse et bien éclairée. J'embrassai Josefa, et je dis :

— Où est Catalina?

— Mais elle était là à l'instant, répondit Josefa surprise. Catalina, Catalina? qu'est-elle devenue?

Elle sortit d'une pièce voisine et s'avança confuse. La pauvre enfant, m'ayant entendu venir, s'était enfuie pour se donner le temps de se composer un maintien et n'avait réussi qu'imparfaitement à cacher son trouble.

Je l'embrassai avec plaisir. Elle n'eut que la force de serrer ma main en silence.

— Conduisez-moi à ma chambre, lui dis-je.

Je la suivis dans l'escalier en colimaçon d'une tour carrée donnant accès aux appartements de chaque étage et terminée par une chambre sous le toit, la mienne. Pendant que sa main tremblante mettait la clef à la serrure, elle me dit timidement, comme si cette courte absence avait été un long voyage qui nous eût rendus presque étrangers l'un à l'autre.

— Vous ne m'avez pas oubliée?

— Oh! non, fis-je avec élan.

La vérité est que je n'avais pas beaucoup pensé à elle.

— Le temps m'a bien duré de vous! reprit-elle.

En même temps elle s'empara de ma main, y appuya ses lèvres, et redescendit sans se retourner.

De ma fenêtre élevée, comme d'un balcon projeté sur l'infini, je vis la ville entière, qui renferme aujourd'hui douze mille habitants dans ses murailles éventrées et qui attirait, il y a moins de deux siècles, dix mille étudiants aux cours de son Université si célèbre. J'aurais pu compter vingt-cinq églises disséminées et plus de cinquante couvents arrondissant leurs voûtes au-dessus des maisons. Les églises sont intactes, mais les couvents d'hommes, abandonnés par suite de la guerre civile de 1840, sont livrés à l'incurable oubli. Le Temps, le plus lent, mais le plus grand des destructeurs, achève les ruines que la fureur des hommes a commencées.

Sous les blés verts la campagne ressemblait à une prairie immense, coupée de terrains grisâtres. Je revis le Guadarrama au front altier couronné de neiges. Au souvenir du laisser-aller de ces libres journées que la vue de la plaine et de la montagne par moi traversées rappelait à ma pensée, et dont la dernière heure finissait, je sentis mon collier. Le vêtement servile que ma condition m'obligeait à revêtir me fit l'effet d'une cage de fer, et, tristement, j'entrai dedans.

J'étais attendu au salon; on s'informa des incidents de mon voyage; je me bornai à raconter mon aventure de l'Escurial. Ma révérence faite, je repris le train de la maison.

II

Ce que j'avais entrevu des richesses monumentales de Salamanque m'avait donné une impatiente envie d'aller en excursion par la ville; ce fut tout au plus si ma curiosité excitée me permit, la nuit suivante, un sommeil réparateur des fatigues du voyage. Aussi je profitai de la première course ordonnée après-midi pour donner carrière à mon désir.

Je commençai par l'Université

Décoré d'une infinité de médaillons et de bas-reliefs admirables, son portail me retint un moment, puis, les mains derrière le dos, l'œil curieux, en flâneur, j'entrai sous une voûte; mais le portier, face pâle et convulsive qui m'observait, courut sur moi et, me montrant la porte, me dit d'un ton scandalisé :

— Sortez, sortez!

— Pourquoi? fis-je avec hauteur.

— Je n'ai pas d'explications à vous donner. Sortez! Demandez-vous quelqu'un?

— Non, je viens visiter cet établissement, comme bien d'autres le font.

— Voulez-vous bien sortir? Un domestique! a-t-on jamais vu? En voilà une idée!

Je bats en retraite penaud et grommelant : il est heureux que les églises n'aient pas de portier. Quelle brute!

Avant de visiter la cathédrale, j'essaie de pénétrer dans trois ou quatre églises. A ma surprise extrême, elles sont fermées; fermées à la fin du carême, presque à l'entrée de la semaine sainte! Cependant la porte de l'une d'elles cède sous la poussée de ma main, j'entre et la referme derrière moi. Je fais le tour des collatétéraux, j'admire les autels, les statues, je m'arrête, j'examine un tableau.

Dans le silence religieux du temple, une voix s'élève :

— Viens ici! dit cette voix.

Je me retourne choqué au dernier point, et je vois à la grille du chœur un tout petit homme blême, au menton et aux pommettes pointues, aux yeux caves sous des sourcils embroussaillés. J'attends immobile.

— Viens ici! répète l'homme.

Rien ne remue en moi, que la langue qui dit : Zut!

L'avorton s'approche, et de la même voix aigre que je viens de subir dans le vestibule de l'Université :

— Par où êtes-vous entré?

— D'abord, qui êtes-vous pour me faire une pareille question?

— Je suis le sacristain de l'église.

— Eh! bien, qu'est-ce que vous me voulez?

— Comment êtes-vous entré ici?

— Par la porte, apparemment.

— Mais elle était fermée.

— Vous voyez bien que non.

— Enfin, pourquoi êtes-vous là?

— Pas pour le plaisir de vous y voir, vous pouvez m'en croire. Je suis venu pour prier Dieu et me préparer à la communion pascale.

Le sacristain secouait la tête, poussait des hum! hum! Je l'entendis murmurer : Quelque païen!

— Appelez-moi païen, si vous voulez, je m'en moque.

— Hérétique!

— Soit.

— Gavacho!

— Trop petit pour m'offenser!

Et je pivote sur les talons. Ce mouvement dédaigneux l'exaspère; il me prend le bras.

— Venez avec moi chez le corregidor (commissaire de police).

Moi, avec chaleur :

— Tout de suite

Je passe le premier.

— Nous faisons quatre pas; il s'arrête hésitant, et reprend :

— Qu'est-ce que vous faites? votre état?

— Je vous le dirai devant le corregidor, puisque vous m'y menez.

— Dites-le moi, et je vous laisse aller.

— Non, non, nous nous expliquerons en présence du magistrat. Ah! vous croyez qu'on me traite de cette façon, moi!!!

L'envie que je montrais, si différente de la crainte qu'il avait supposée, de la comparution devant le corregidor, le faisait douter de son bon droit, il perdait son assurance; par le jeu des compensations, la mienne s'accroissait d'autant. Je voulus payer d'audace et le punir en me divertissant de lui.

Les livrées n'étaient pas tellement communes à Salamanque, que la mienne ne pût passer pour un uniforme et faire croire, avec un peu de hardiesse chez celui qui la portait, aux gens peu au courant du décorum des grandes maisons, à plus forte raison aux rats d'église ne sortant jamais de la pénombre des sacristies, faire croire, à mon adversaire, dis-je, qu'elle couvrait non un domestique, mais quelque grand personnage officiel, et lui rendre vraisemblable l'énormité qui suit.

Je continuai sur un ton sec.

— Vous m'avez insulté; à mon tour, je vais me plaindre. D'abord, vous m'avez tutoyé; de quel droit?

— C'est que...

— Et puis vous m'avez appelé hérétique.

— Mais...

— Païen.

— Je ne savais pas.

— Gavacho!

— Je croyais que vous...

— Est-ce vrai, oui ou non ? Et vous soutenez que vous ne m'avez pas insulté ? Vous attendez des excuses, peut-être ? Allons trouver le corregidor ; c'est mon protégé, il me doit sa place. Vous tombez bien, mon camarade !

— Monsieur !

— Vexer ainsi un homme de mon importance !

— Seigneur !

— Un secrétaire des commandements de la flotte !

— Monseigneur, je vous en prie, oubliez...

— Qui a l'honneur d'être admis aux petits levers de la Reine !

Il joignit les mains :

— O mon Dieu ! est-ce possible ?

— Par ma plume d'abordage !

— Ayez pitié de moi ; je vous promets que...

— Sardines et morues !

Il tomba à genoux :

— Epargnez-moi, Monseigneur, je suis père de famille.

— Ah ! vous avez des enfants ? vous me désarmez. Je consens à ne rien dire, mais tâchez dorénavant de ne pas traiter les ministres de la Reine comme de simples domestiques. Que ceci vous serve de leçon ; ne m'accompagnez pas.

Je le laisse à genoux. D'un mouvement altier, j'ouvre la porte et la ferme avec bruit. Un passant me dit le nom du temple où j'ai été honoré du titre d'Excellence et où j'ai humilié l'humanité dans la personne d'un bedeau. Elle est placée sous le vocable de San-Juan.

Un autre passant m'apprend que le portier de San-Juan n'a fait qu'obéir à une consigne donnée à propos d'un événement qui avait mis la population en grand émoi quelques années auparavant. Un Anglais, protestant fanatique, mais évidemment insensé, se trouvant seul dans une église, avait, dit-on, fait acte de foi en mettant le feu à une chapelle ; de là, la mesure générale d'interdire l'entrée des églises à certaines heures.

Les cérémonies de la semaine sainte n'ont pas en Espagne, quoiqu'elle soit profondément chrétienne, le caractère austère imprimé au souvenir du drame divin qu'elles ont mission de célébrer, et que l'on remarque chez les peuples catholiques du Nord. C'est un divertissement, parce que c'est un arrêt du travail régulier, arrêt qui chaque jour va crescendo et se termine en grande pompe par les fêtes de Pâques. Du va-et-vient aux églises des flots de fidèles sort un bourdonnement contenu que dominent les accents sonores des prédicateurs et les cris déchirants des crécelles agitées par des enfants. Le vendredi saint, toute la population se masse derrière les pénitents blancs et noirs portant, vissés sur une estrade, les principaux mystères de la Passion, dont les auteurs, de grandeur naturelle et en bois peint de vives couleurs, ballottés par la houle populaire au-dessus des têtes, perdent continuellement leur centre de gravité. Il en résulte des inclinaisons si drôles, que l'on ne peut s'empêcher de penser à la réplique de Piron ivre à Voltaire, un jour de vendredi saint. Le respect du culte extérieur en pourrait être amoindri.

Je ne donnerai pas de ces fêtes et de tant d'autres coutumes la description qu'on en attend peut-être : elles ont été racontées bien souvent par d'autres voyageurs, infiniment mieux que je ne le ferais moi-même ; elles embarrasseraient en outre la marche d'un récit tout personnel ; au surplus, raison majeure, jeune homme étourdi et frivole, j'étais, on s'en est assez aperçu, un pauvre observateur.

J'essaierai toutefois de reproduire le trait le plus accusé de l'étudiant de Castille. Par les années, c'est un enfant ; par l'esprit de conduite, c'est un homme. Si sa raison précoce est une des qualités naturelles du caractère national, elle fait le plus grand honneur à la race espagnole ; si elle est le fruit d'une judicieuse direction paternelle, ne nous mettons plus en souci de découvrir un meilleur système d'éducation. En effet, à l'âge où, nous autres Français, nous ne sommes que de turbulents gamins, enfermés derrière des grilles et des murailles et surveillés avec un luxe de maîtres et presque de geôliers, l'étudiant de Salamanque a la liberté de ses actions, la bride sur le cou, et porte fortement imprimé dans son cœur le sentiment de la responsabilité. Dès le départ de sa bourgade avec des condisciples, il est son maître. La petite troupe va à petites journées à la résidence universitaire ; là elle se disperse dans les familles qui font commerce de procurer aux étudiants le logement, la nourriture et l'entretien. Les *pupilos* prennent leurs repas séparément, dans leurs chambres, à défaut de la table d'hôte qui est inconnue ; ils vont aux cours, et studieux, rangés, piochent leurs devoirs. Je plaindrais un bourgeois dn Nord ou du Midi de la France qui embarquerait son fils pour la grande ville et l'y laisserait livré à lui-même, avant que, de par un titre de bachelier ou de par sa barbe naissante, il paraisse donner une garantie relative de sa bonne conduite future. Chacun dirait : Ce père est fou !

Après avoir connu divers types d'étudiants, l'Allemand braillard, bruyant, querelleur et buveur, pilier de brasserie, ainsi que le Français noceur infatigable, noctambule, coureur quotidien de bals publics et de grisettes, il y a grand attrait à voir l'étudiant espagnol vivre sagement sa journée, dormir sa nuit, se promener sous les arcades de la plaza Mayor avec la gravité d'un péripatéticien.

— Le grand mérite d'être sage sans passions, vainqueur de ses vices sans les avoir combattus, et la belle existence que celle d'un être déshérité des folies primesautières et des *sursum corda* de la jeunesse ! Lorsque le Castillan achève la sienne comme une soirée paisible et qu'il aperçoit confusément, dans la nuit qui s'approche, les rivages de l'Infini où il abordera demain, il éprouve le besoin de savoir ce qu'il a laissé de lui en arrière, ombre ou rayon. Il se retourne, et, dans la poussière du chemin soulevée sur son passage, il cherche du regard les images à demi-effacées de ses beaux jours. Mais la route est vide. Alors il doit s'écrier avec une inconsolable tristesse : je meurs vieux et je n'ai pas vécu !

— Non, détrompez-vous ! Viennent les fêtes, les jours gras, par exemple, l'enfant quitte sa gravité comme un vêtement et se lance à corps perdu au sein des plaisirs. Pendant la durée de ces plaisirs, c'est une fougue, une mascarade, des farces ingénieuses, un carnaval insensé, un délire! Et aussi que de voyages que l'entraînement des camarades et la fantaisie émaillent d'aventures à chaque sinuosité du chemin! Mais la turbulence s'arrête au commencement des études; le bon sens d'un homme de quarante ans renaît sous le front de l'adolescent. Il est charmant!

III

Les jours se suivaient et se ressemblaient. Mes heures de loisir étaient consacrées à explorer les environs, à me promener dans la ceinture de pâturages qui bordent la Tormès en amont, parmi les bœufs rouges et noirs, et à descendre le courant de la rivière, au-delà d'un moulin situé dans un détroit formé par des collines resserrées. Là, étendu sur la bruyère, le ventre au soleil et la tête à l'ombre, j'éteignais toutes les lumières de mon esprit, toutes les ardeurs de mon corps, dans un farniente voisin du sommeil. Une attraction, à la fois douce et irrésistible, entraînait mes pas beaucoup plus en avant dans la gorge de la Tormès, jusqu'au débouché d'un vallon étroit, aux berges arrondies, partagé par un ruisselet, sur les bords duquel quantité de fleurs balançaient leurs corolles au vent du soir. Des rochers isolés sortaient du sein de la prairie comme des îlots émergés des flots. Souvent fatigué de porter ma chaîne et mon isolement, il m'était doux d'imaginer que des atômes de l'âme universelle, flottant à la surface des choses, s'agrégent à certains sites privilégiés, pour y animer d'un sentiment quelconque les formes de la matière que le cœur a distinguées ; en vertu d'une affinité secrète, j'allais à la corbeille de verdure d'où s'élevait solitaire la voix cristalline du ruisseau, comme à une réunion d'amis. Les rochers, me semblait-il, perdaient à mon égard la mine refrognée qu'ils gardent en présence des siècles ; les plantes prenaient des attitudes d'une grâce provocante, et les gouttelettes d'eau ruisselant sur les cailloux avaient des gazouillements d'oiseaux. A aucune autre époque je ne me suis assimilé plus intimement la nature. J'ai pénétré le sens de plusieurs de ses voix ; écoutez la chanson du torrent aux fleurs :

« Nous sommes les filles de la montagne ; nous sommes sorties, il n'y a qu'un moment, d'une touffe d'herbe fraîche située au pied de ce coteau incliné à l'occident qui, aux heures ensoleillées du matin, allonge sur vous son ombre. Nées plus loin, dans les retraites mystérieuses de la terre, nous avons descendu, triste voyage ! un pays tout noir, par des défilés étroits, des cavernes profondes où l'on ne voyait rien, où l'on n'entendait que le bruit de notre passage comme de sourds sanglots. Mais bénie soit la *Lumière*, fille des astres, mère de la vie joyeuse, foyer universel d'amour ! Elle nous a pénétrées des clartés et des couleurs du monde nouveau et nous pare tour à tour de l'azur du ciel, de la blancheur estompée du nuage, des teintes changeantes de nos rives et surtout du rayonnement de ta face sublime, ô généreux soleil ! Ainsi aimées de la Nature qui se réfléchit en nous et entraînées par une force inconnue, nous dépensons notre jeunesse fougueuse en courses échevelées de pierre en pierre, en repos hâtifs sur les roches plates, en cascades argentées au fond des précipices. Myosotis, populages, pervenches, marguerites, vous à qui le mouvement a été refusé, enracinées à ces bords d'où nous nous éloignons sans retour, ne vous plaignez pas : votre existence s'écoule loin des convoitises de l'homme, sous l'œil de Dieu. A l'aube, vous vous réveillez rafraîchies par les baisers humides de l'air ; le diamant ne jette pas plus de feux, l'arc-en-ciel n'a pas plus de nuances que la robe resplendissante dont la rosée vous revêt à l'aurore ; le jour, penchées sur nous miroirs fidèles, vous admirez, ô fleurs coquettes, l'élégance de vos maintiens et la parure de vos fronts ; la nuit, bercées par la brise, vous vous endormez au murmure de nos chansons. Vous végétez oisives, nous vivons agitées. De votre naissance à votre mort, rien n'interrompt votre bonheur : le nôtre, hélas ! ne dure qu'un jour. Demain, la plaine inévitable nous livrera à l'homme, notre seul ennemi. Tourner des roues de moulins, alimenter des usines, servir aux plus vils usages, travailler, profanées et salies, voilà notre destin. »

La famille de Dominique avait loué dans la calle de la Rua une maison entière, avec l'intention d'y fonder une *casa de pupilos*, c'est-à-dire une pension de célibataires, logés et nourris moyennant une rétribution modeste; mais au milieu de l'année les étudiants ne se déplacent guère, de sorte que la maison était à peu près vide et que la gêne augmentait.

Je voyais souvent mes amis. Les femmes étaient tristes. Forfer s'ingéniait à trouver des leçons de musique ; le produit de sa peine ne chargeait pas la marmite d'un garbanzo de plus, car le seul élève qu'il avait raccolé, d'ailleurs d'entendement bouché, était le fils d'un ami et ne lâchait pas un cuarto (2 liards).

Dans le courant de mai, un matin, j'entrai chez Fonseca, mon barbier ; il y avait du monde, l'on causait avec volubilité. Plusieurs personnes étaient lancées dans une conversation, que j'écoutai en attendant mon tour.

— Ils étaient au moins quinze, armés jusqu'aux dents.

— On dit qu'ils étaient masqués.

— Oui, et tous à cheval.

— Ce n'est pas surprenant, alors, que les autres n'aient pas essayé de résister.

— Mais il paraît, au contraire, que dans le nombre il y en a qui ont voulu se défendre ; on les a massacrés. On parle d'un tué et de six blessés.

— De qui tenez-vous la nouvelle?

— De Navarro.

— C'est un bavard. Moi je sais par Clavijo, qui les a

vus descendre de voiture à la plaza Mayor, que personne n'est blessé ; seulement ils étaient à peu près nus.

— Ça, c'est vrai, ils n'avaient que leurs chemises.

— Y avait-il des femmes avec eux ?

— Deux.

— La conversation des messieurs avec les dames devait être un peu gênée.

— Mais les femmes étaient nues aussi.

— Allons donc !

— Puisque Clavijo assistait au déballage! Elles avaient le costume de leur première mère, moins la feuille de figuier.

— Oh ! oh ! oh !

Des quintes de rire secouèrent les épaules de tous ces oisifs. Le barbier lui-même lâcha le nez de son client, de peur d'éternuer sur sa figure.

On nouveau venu entre, on le questionne.

— Savez-vous la nouvelle ?

— Comment, si je la sais ? répond-il. C'est l'impresario, une des victimes, qui vient de me la raconter; elle n'est déjà pas si risible ! Vous n'êtes guère charitables, messieurs.

— Est-il vrai que les femmes sont descendues de voiture en simple tenue de Vérité ?

— Qui dit cela ?

— Martinès.

— Martinès est un bavard.

— Pardon, répliqua Martinès; ce n'est pas moi, c'est Clavijo, et Clavijo y était.

— Clavijo est un rude blagueur, voilà tout. Voulez-vous savoir comment l'événement s'est passé ?

— Dites, dites.

— La diligence était pleine depuis Madrid : *l'impresario* (1), une partie de sa troupe, d'autres voyageurs, deux femmes, en tout quinze personnes.

En vue de Penaranda, à six heures du soir, le conducteur voit déboucher d'un chemin, sur la route, une troupe de cavaliers. Il entend ce seul mot : halte! Il en comprend de suite la portée menaçante, et, sans discuter, arrête ses chevaux. Une quinzaine de ladrones (brigands), armés et masqués, entourent la voiture et passent les canons de leurs escopettes par les ouvertures. On pourrait être effrayé à moins. Les voyageurs se tiennent cois. Un des cavaliers commande :

— Faites descendre tout le monde.

La portière s'ouvre, et aussitôt qu'un voyageur paraît il est saisi et jeté la face contre terre. On les fouille ; quelques brigands les surveillent, le fusil au poing, pendant que les autres vident la diligence de tout son contenu, malles, paquets, caisses ; tout le chargement est lancé hors de la voiture et ouvert à coups de marteau. Chaque objet qui vient sous la main est tâté, vérifié, jeté ensuite à quinze pas; la route, les fossés et une partie des champs bordant la route sont couverts littéralement de vêtements, de linge, de boîtes, de parapluies, de livres. Il est évident qu'ils étaient prévenus

---

(1) Directeur de troupe théâtrale.

qu'une grosse somme d'argent devait rouler avec les voyageurs. Ceux-ci, durant les recherches, ont reçu l'ordre de ne pas bouger.

— « Ma position à plat ventre, me disait l'impresario, était pénible, n'en ayant pas l'habitude, car je ne m'y couche pas pour dormir, mais mes moindres mouvements étaient réprimés par une tape sur la nuque, renforcée de ces paroles peu rassurantes : *Sta te quieto, hombre! o te mato* (1). Heureusement qu'ils n'essayèrent pas sur les dames un attentat plus grave que celui de les fouiller, ce qui nous aurait mis dans l'obligation d'intervenir, et nous aurions été massacrés. »

Le pillage dura une demi-heure, après quoi les brigands remontèrent à cheval et s'enfuirent dans la direction des montagnes. La perte pour chacun des voyageurs se borna à l'argent de poche et à des malles cassés qu'on mit plus de deux heures à réparer et à remplir des objets dispersés.

Un voyageur français s'en est tiré cependant sans aucun dommage. Il n'eût pas plus tôt entendu : Halte, que sa bourse contenant plus de dix onces passait par un vasistas ouvert et tombait dans un fossé; ce monsieur, je pense, voyageait avec la crainte des voleurs à l'état permanent. Mais le plus heureux de tous a été encore l'impressario, malgré deux à trois mille réaux volés et beaucoup de costumes fripés. C'est à son magot

(1) Tiens-toi tranquille, ou je te tue.

qu'on en voulait, à quatre mille douros, toute sa petite fortune qu'il avait d'abord portée à la diligence (les voleurs l'avaient appris), puis rapportée chez lui sous l'obsession d'un pressentiment, ce que les voleurs avaient ignoré.

— En fait de pressentiments....., dit Martinès.

— Et les gardes civils? reprit un autre.

— Il en est sorti de Penaranda hier soir, après le coup, il en est sorti de Salamanque ce matin. Démonstrations vaines! Les brigands sont de retour à Madrid à l'heure qu'il est.

Allons, pensai-je tout haut selon ma coutume, le positivisme moderne n'a pas tué entièrement le pittoresque du vieux monde; il en reste pour inspirer les peintres et les poètes, en dehors de la zone des chemins de fer.

IV

Vers la même époque, j'allai à Valladolid avec mon patron : nous en rapportâmes, de chez un de ses vieux parents, célibataire, une caisse de manuscrits et de papiers de famille. Ce voyage de quatre jours ne donna lieu à aucun incident qui vaille la peine d'être raconté.

Au retour, je rendis visite à mes amis ; leur entrain actuel contrastait singulièrement avec la tristesse morne qui était leur état habituel depuis leur arrivée à Salamanque.

Mme Forfer me dit, toute gaie et empressée :

— Nous quittons ma mère, nous allons demeurer près de la *Puerta del rio* (la porte de la rivière), où nous avons trouvé une occupation ; nous allons.....

Dominique l'arrêta et me dit :

— As-tu le temps ?

— Oui, j'ai bien une heure devant moi.

— Viens, je te montrerai notre logement ; en même temps, je t'expliquerai tout. Tu me diras ce ce tu penses de notre affaire.

Dans la rue il se croisa les bras et me dit en riant :

— J'ai fait choix d'un état.

— Bon ! lequel ?

— Devine.

— Comment veux-tu que je devine ?

— Au fait, tu ne devinerais jamais ; eh bien ! mon cher ami, j'ai loué un *parador*.

— Hein ?

— J'ai loué un parador.

— Ce n'est pas possible !

— Ma parole !

— Un parador, toi, le beau cavalier, le fils de M. ** !

— Oui, voilà ce que la faim conseille aux fils de famille.

Je réfléchissais ; tout à coup je pris un air pincé.

— Certes, dis-je, tu as raison, je te félicite, tu fais

fort bien de changer de position ; comment donc ? Sans doute, tu ne saurais mieux choisir...... Mais il faut que je te quitte, je suis en retard, on m'attend.

— Comment, tu viens de me dire que tu étais libre ?

— C'est que j'ai oublié une commission. Bonne chance, et bonsoir.

Je saluai de la main et fis demi-tour.

— Pablo ?

— Tu m'appelles ?

— Me quitter ainsi, qu'est-ce que cela signifie ? Es-tu fou ?

— Pourquoi fou ? Parce que je suis pressé, et que je m'en vais ?

— Non, tu n'es pas pressé. Il y a autre chose. Voyons, explique-toi.

— Tu le veux ?

— Oui.

— En toute franchise ?

— Je l'espère bien.

— Écoute : tu dois comprendre qu'à partir d'aujourd'hui, le soin de ma considération s'oppose à ce que nous conservions nos anciennes relations devant le monde ; on est si méchant dans les petites villes ! Si l'on savait que j'ai pour ami un cabaratier des bas faubourgs, ma dignité pourrait être compromise. Nous serons toujours amis, ce n'est pas moi qui romprai jamais, oh non ! mais en apparence, vois-tu, il est nécessaire que nous ayons l'air de ne pas nous connaître : ainsi, quand nous nous rencontrerons par les rues.....

Forfer était interdit et interloqué, ce n'est rien de le

dire, et rouge au point que j'aurais allumé une cigarette à ses joues. Enfin, de sa gorge serrée ces mots sortirent avec effort :

— Je rêve, ou je deviens fou ?

Il passa la main sur son front, comme pour en chasser un nuage de folie envahissant son cerveau ; puis, avec un mouvement de fureur :

— Tu as donc honte de moi ? s'écria-t-il.

— Légèrement !

— C'est toi qui me fais cet affront, toi, Pablo ? Mais sais-tu bien, être lâche et sans cœur, que tu n'es qu'un laquais, et qu'un laquais ne vaut pas le petit doigt d'un posadero ?

— Ne confondons pas, s'il vous plaît. Je suis domestique, c'est vrai, mais je sers des personnes bien élevées, tandis que toi, tu te mets au service de gens de la lie du peuple. C'est du propre !

— O mon Dieu !

Je souriais.

Il eut un redoublement de colère, et me menaçant du poing il ajouta :

— Je ne sais ce qui me retient !

— Ne te retiens pas, va, je n'ai pas peur de toi.

— Misérable larbin !

— Valet de muletiers !

Là-dessus, je m'éloignai, mais, revenant sur mes pas, je sautai sur les épaules du futur cabaretier et je l'embrassai ; ses yeux étaient humides.

— Rions tous deux, lui dis-je, de cette plaisanterie. Tu as donc cru que je parlais sincèrement ?

— Dame, tu y mettais un naturel !

— Oui, mais où est la vraisemblance qu'un domestique tel que moi fasse des embarras avec un tavernier tel que toi? Te voilà dégringolé, mon pauvre vieux ! Le malheur des temps, les faits contingents, t'ont réduit à accepter pour vivre le métier de marchand de vin au canon. Ces changements de fortune sont fréquents dans la vie. Sache donc, puisque tu l'ignorais naguère (ce n'est pas un reproche que je t'adresse), sache donc qu'un galant homme de notre éducation, dans quelque condition inférieure mais honnête qu'il soit tombé, reste toujours semblable à lui-même, et s'il a perdu par ce fait la considération du monde, il n'a pas mérité de la perdre. Sur ce, pardonne-moi la comédie de tout-à-l'heure, et allons voir ta nouvelle demeure. Où est-elle située ?

— Dans un assez bon quartier, près de la Puerta del Rio, sur le passage des muletiers qui arrivent par le pont. Le maître de l'établissement a perdu sa femme il y a six mois, et, avec elle, la prospérité de la maison. Les jours de marché, il tombait chez eux beaucoup de monde; mais lui n'entend rien au commerce, et son établissement périclitant tous les jours, il s'est résigné à céder. Des connaissances de Juana qui nous portent intérêt ont fait l'affaire par-dessous main.

— Combien paies-tu de loyer?

— Trois cents francs par an, et cent francs une fois donnés au locataire actuel, pour le faire déguerpir de suite, plus le prix de son mobilier commercial, à estimation d'experts.

— Ce n'est pas cher, si tu ramènes la clientèle.

— Tu me connais, j'ai de l'entrain, j'espère m'en tirer.

— Et tu commences?

— Dans huit jours. Nous y voici.

Il me montra, du côté opposé de la rue, au milieu d'une vieille bâtisse, un arc en ogive aux nervures élégantes, qui n'aurait point déparé l'entrée d'une cathédrale et sous lequel deux cavaliers de front, ou une procession, bannières déployées, auraient pu passer.

— Mais c'est le portail d'une église, ça? m'écriai-je étonné.

— Non, c'est l'entrée de mon écurie, une vieille chapelle démodée.

— Ah! elle est forte, celle-là! Approchons-nous.

Une obscurité épaisse brouillait les objets à quatre pas de l'ouverture, malgré sa hauteur; on distinguait vaguement une écurie noire et profonde, en même temps qu'une odeur de fumier vous prenait à la gorge.

— Sais-tu à quoi je pense? dis-je à Forfer.

— Je t'entends.

— J'ai reçu dans mon enfance un exemplaire des *Mille et une Nuits*. Entre autres gravures, il y en a une qui représente l'entrée de ton écurie; c'est l'écurie d'Ali-Baba, lorsque cet excellent gargotier assure au capitaine de brigands qu'elle peut contenir quarante mulets chargés.

— La mienne aussi peut loger quarante mulets.

— Chargés de quarante brigands.

— Ce n'est pas ce qui manque dans ce pays, c'est le trésor, et je n'aurai pas le bonheur de mon illustre collègue. Entrons.

Une salle de cabaret garnie : dans le coin, un comptoir en bois vermoulu, une cuisine derrière, des pièces de débarras, deux chambres au premier, telle était la maison, dont l'écurie occupait la moitié.

Je quittai mon ami en lui promettant d'aller le voir, aussitôt son installation terminée.

V

Cette affaire me tenait au cœur ; j'y pensais sans cesse, je calculais les bonnes et les mauvaises chances. Quelques jours après, je passe à son ancienne demeure, je n'y trouve que la vieille mère, qui, du plus loin qu'elle m'aperçoit, me crie :

— Ils y sont tous ! Carlota aussi les aide pour commencer.

— Sont-ils contents, ont-ils du courage?

— Oui, ils sont de bonne humeur. Vous savez, tout nouveau, tout beau. Ah ! mon Dieu, s'ils pouvaient réussir ! Croyez-vous qu'ils réussiront? Qu'en dites-vous? Ma fille n'est pas paresseuse ; lui, je ne sais pas trop ce qu'il est ; il paraît bien décidé à travailler; seulement, ça n'a pas été élevé au travail. Je crains qu'il ne se dégoûte vite et qu'il ne jette le manche après la cognée. Pensez-vous qu'il persévère? Aura-t-il de l'économie, lui qui n'a jamais su compter? Sans économie, ils sont perdus. Que vous a-t-il dit?

Et cent autres questions anxieuses.

Je la rassure de mon mieux et je prends le chemin du parador, mais cette grosse question d'économie me chagrinait; la bonne femme a trouvé la cause d'un insuccès possible; je connaissais mon Forfer; ce bourreau d'argent aurait mangé en deux ans le trésor d'Ali-Baba.

Je constate avec satisfaction un mulet et une bourrique dans l'écurie à fronton monumental d'Ali-Baba, — à tout il faut un commencement, — et dans la salle trois consommateurs en vestes de velours usées.

Je me dirige vers la cuisine. Madame Forfer était accroupie au foyer, sur des petits pots rangés autour du feu; Carlota rinçait des verres. Bientôt Ali-Baba paraît en manches de chemise, les reins ceints d'un tablier gris. Il venait de son cabinet de travail, de la cave.

— Comment me trouves tu? dit-il, en retroussant ses manches.

— Très-bien, mais je songe tout de même à monsieur ton père, s'il te voyait dans ce costume et dans cette fonction de tavernier.

— Et moi je songe à monsieur ton père, s'il te voyait dans ce costume sérieux de Lafleur ou de Champagne.

— Oh! oh! oh!

— Oh! oh! oh!

— Sais-tu? j'ai envie d'envoyer à mon père mon

portrait dans cet affublement, avec cette légende au bas : Contemple ton ouvrage ! et je le prierai de le faire circuler chez ses amis et connaissances.

— Garde-t'en bien, malheureux ! répliquai-je vivement parce que je l'en croyais capable ; il te supprimerait ta pension.

Il redevint sérieux et continua avec mélancolie :

— Il ne me la paie déjà pas si régulièrement ! Pourtant le peu que je ferais ici, ajouté à ma pension, me permettrait d'attendre des jours meilleurs. A propos, c'est samedi jour de marché, tu me ferais plaisir de nous donner un coup de main. Quand nous serons au courant, cela ira tout seul.

— Oui, si j'ai une heure de liberté, j'accours.

J'accourus le samedi. Si l'on se rappelle que personne ne va à pied et que toutes les denrées sont transportées à dos de quadrupèdes à longues oreilles, on apprendra sans étonnement que la grande écurie était pleine et ses abords encombrés de bêtes de somme.

Des paysans venus des villages voisins et de plus loin occupaient presque toutes les tables de la salle de l'auberge.

Mes amis me reçurent comme un trésor ; l'hôtesse se tenait à la cuisine ; l'hôte, son mari, toujours à la cave à remplir des pots de vin ; Carlota et moi au service des consommateurs, et tous très affairés.

Dominique, dont l'intrépide gaîté française aurait surnagé au milieu d'une mer d'amertume, passait de temps en temps sa figure ouverte dans l'encadrement de la porte du fond et glapissait :

— Mozo (garçon)?

— Patron ? répondais-je.

— La troisième table à droite, servez.

— Boumm!!!!

Puis, lorsque nous étions rapprochés l'un de l'autre, en me désignant de son pouce renversé les laboureurs attablés :

— Rien que ça de luxe ! Des bacheliers de France pour vous servir, messieurs les paysans ! Tas de salauds !!

Que de rires nos têtes folles ont emmagasinés alors, qui ont été dépensés plus tard sous les catalpas de T..., au rappel de ces aventures espagnoles !

VI

Plusieurs fois j'avais eu occasion de voir à la maison le régisseur des propriétés du maître, lesquelles comprenaient la presque totalité du pueblo de X... et ses dépendances, aux environs de Salamanque. Il venait de ce pueblo, qu'il habitait, rendre ses comptes, dînait avec nous, et s'en retournait le soir. Agé, de physionomie intelligente et honnête, il me plaisait par le bon ton de ses manières et son éducation, bien supérieure à celle de la masse des paysans. Les attentions polies que j'avais pour lui à table m'attirèrent vite son amitié.

— Venez dîner chez moi dimanche, me dit-il un jour (c'était au milieu de juin); je demanderai pour vous au maître la permission de la demi-journée.

— Je veux bien, répondis-je avec empressement. Est-ce que le champ de bataille des Arapiles n'est pas de votre côté?

— Oui, sur la gauche; en venant, vous pourrez visiter les Arapiles.

— Eh bien! demandez la permission, je vous promets ma visite.

Les matinées des dimanches, aux heures des offices, j'aimais à me poster dans le voisinage des églises pour voir les campagnards arriver au pas de leurs paisibles montures, attacher leurs bêtes aux volets des maisons voisines, monter les marches, et se disséminer partie dans l'intérieur près des femmes assises sur leurs talons, partie sur les degrés, avec des postures où la nonchalance le disputait à la noblesse. Le paysan, local dont j'ai déjà décrit le costume, inclinait son front couronné de son mouchoir de poche roulé comme un tortil de baron; le pâtre *estremeno* (de l'Estrémadure) et l'habitant de la province d'Avila me rappelaient, l'un, par ses cheveux rasés, les moines disparus; l'autre, par sa chevelure absalonienne vierge du rasoir, sainte Madeleine en costume de troubadour et vieillie. Le montagnard des environs d'Astorga posait comme un type de gravure de modes du seizième siècle, le chapeau à la Rubens, la fraise, le justaucorps, l'ample haut-de-chausses serré à la taille par un ceinturon de cuir. Ils demeuraient là de longues heures, étendus, silencieux, sans souci de l'ombre découpée à l'emporte-pièce, qui se retirait d'eux et livrait leurs têtes nues et leurs vêtements diaprés à l'incendie d'une lumière aveuglante.

Je comparais les paysans de mon pays, lourds et gauches dans leurs cols extravagants, leurs vestes étriquées et leurs pantalons en tire-bouchons, rassemblés à l'issue de la grand-messe, avec ces paysans espagnols, artistes inconscients, gardiens des costumes d'un autre âge, groupés si pittoresquement au pied des édifices mordorés qui dessinaient leurs silhouettes architecturales sur un ciel de lapis-lazuli, et je me disais qu'il y avait encore de beaux jours pour les clercs de notaire en rupture de stage.

Donc, un dimanche, l'âme saturée de poésie recueillie sur le parvis de la cathédrale, je passai le pont romain à l'*Angelus* de midi, et je suivis un chemin au milieu des blés jaunis ; j'allai devant moi, un peu au hasard, à la découverte d'un paysan indicateur ; lorsque je l'eus rencontré, prenant à gauche, j'entrai dans une plaine cerclée à demi par un bourrelet de collines, et au milieu de laquelle j'aperçus deux mamelons ; je les reconnus aussitôt d'après la description que le paysan m'en avait donnée. Ce sont deux cônes, un peu allongés, d'inégale hauteur, complétement isolés d'une ramification quelconque, et qu'un jeu de la nature a, pour ainsi dire, soulevés du sol.

C'est autour d'eux, et dans l'espace compris entre

eux, que la bataille dite *des Arapiles* a été livrée et perdue par les Français contre les Anglais le 21 juillet 1812. Je réfléchis longtemps sur le grand Arapile, tertre gazonné, large de quelques mètres, d'où le maréchal Marmont dirigea les opérations jusqu'au moment où, blessé par un obus, il remit le commandement au général Bonnet.

Un essaim d'âmes françaises, séparées violemment de leur corps en cette funeste journée, est monté de la plaine sanglante dans le giron du Dieu des batailles, laissant à qui devait le porter le remords de tant d'existences sacrifiées.

Des trois mille combattants que la conscription arracha aux foyers de France, et qui furent tués là, il y en eut peut-être plusieurs de mon canton, peut-être de mon village. Ma mère, enfant, a pu leur dire, lorsqu'ils partirent avec des rubans rouges à leurs chapeaux : Vous reviendrez! Mon père a pu leur dire, en leur serrant la main : Je vais combattre sur le Rhin et vous au-delà des Pyrénées, nous nous retrouverons ici, sous l'arbre de la liberté! Muette, la mort se prononça aux Arapiles.

Pendant le parcours de l'un à l'autre Arapile, des Arapiles aux collines, mes réflexions furent tristes, et mon jugement fut sévère pour l'auteur de tant de maux déchaînés sur l'Espagne, pourquoi? pour satisfaire la plus basse ambition militaire.

« Toi qui vas dîner à la campagne, donne-moi la hauteur de la maison où tu es invité, et je te dirai ce que tu vaux. » Je mis au monde cet apophthegme à l'entrée du pueblo de X..., en apercevant à l'autre bout, par-dessus les chaumières, une maison à un étage isolée dans sa majesté. La hauteur de cette habitation indiquait le rang du maître, qui ne pouvait être que mon amphytrion. Le régisseur avait distingué l'homme sous la profession, et, par son invitation, honorait son inférieur ; à mille lieues de soupçonner, le pauvre cher homme, que mes ascendants se servaient de couverts d'argent, les mêmes depuis le règne de Louis XIII, alors que les siens, assis sur des escabeaux, n'avaient pour porter à leur bouche leur misérable pitance que la fourchette d'Adam.

Je saluai, après M. Martos, une jeune fille, sa petite-fille, fleur modeste en robe d'indienne. Un courant de sympathie réciproque s'établit entre elle et moi instantanément. La mienne s'expliquait par ma surprise de trouver une enfant blonde surgissant à mes yeux comme une délicieuse apparition du Nord. La sienne ? je ne la lui demandai pas.

Le dîner m'attendait. Quatre plats recouverts d'assiettes, sur la pierre du foyer de la cuisine, conservaient leur chaleur autour de cendres chaudes ; on me fit passer dans une chambre blanchie à la chaux, où une petite table ornée d'une nappe blanche supportait deux couverts.

M. Martos et moi, nous nous assîmes en vis-à-vis. La jeune fille servit le dîner, qui était tout au safran, les côtelettes de veau, les œufs farcis, aussi bien que le poulet rôti. Vos mets coloriés en jaune, Mlle Marta, n'étaient pas le dernier mot de l'art culinaire ; si vous avez paru si contente de mon beau coup de fourchett ce n'est pas à votre dîner que l'honneur en revien mais à mon appétit.

En homme d'agriculture, le régisseur me pressait d questions au sujet des cultures pratiquées dans mo pays. Je vous demande un peu ce qu'un étourneau d mon espèce pouvait savoir des agissements de la terr nourricière ! Mais j'étais né, et j'avais pour ainsi dir vécu au milieu d'une des vallées de France les plus riche en produits de l'espèce bovine ; la politesse m'avait im posé très souvent, surtout à table, des relations avec le fermiers et les éleveurs. Malgré l'horreur que m'inspi raient leurs dissertations sempiternelles sur l'élevage e l'engraissement des bœufs, je les avais subies, et m mémoire en avait gardé quelques échos. Je parlai de qualités de l'herbe et du foin, je pris le veau à sa nais sance et je le conduisis bœuf à l'abattoir à l'aide d lambeaux de souvenirs et de théories téméraires qu mon hôte ne contestait en partie que pour ne pas êtr humilié de ma supériorité et pour montrer sa compé tence. Au fond, ignorant de la science moderne de l'engraissement du bétail, je crois bien, Dieu me pardonne qu'il acceptait comme un bachelier ès-sciences agricoles le perroquet qu'il avait à sa table. Mais bientôt, me hâtant de quitter ce sujet, je vantai la France, j'exalta l'Espagne, je chantai un hymne au Génie des voyages.

Ah ! la belle vesprée ! A demi-éteinte, la lumière s'harmoniait avec le calme de la nature environnante et la joie reposée des visages ; le *moscatel* (vin muscat) capiteux activait le feu de l'enthousiasme que la jeunesse, comme une vestale, entretenait jour et nuit en mon âme ; là-bas, bien loin, au bord du ciel, un massif de montagnes bleues dessinait ses contours vaporeux sur l'opale du jour affaibli et, par la fenêtre ouverte, me tentait comme un appel de l'inconnu. Au-delà, n'était-ce point Chanaan ? Cependant, la jeune Espagnole, accoudée à un angle de la table, ne détachait pas de l'étranger son grand œil rêveur.

VII

Après le dîner, le régisseur me dit :

— Avez-vous l'intention de vous fixer en Espagne ?

— Je ne crois pas ; je m'en irai avant l'hiver.

— Vraiment ! vous quitteriez votre bonne place ?

— Vous allez comprendre. L'instruction du jeune maître touche à sa fin. Je gagne deux cents réaux par mois, qui n'ont été donnés à personne avant moi, et qui ne me sont donnés qu'à cause de mon enseignement. Maintenant que l'instruction du jeune homme est terminée en ce qui me concerne, on diminuerait mon gage plutôt que de l'augmenter. J'ai vu une partie de l'Espagne, je veux m'en retourner.

— En France ?

— Oui Monsieur.

— Pourquoi faire ?

— Je n'en sais rien.

— Est-ce qu'un emploi vous y attend ?

— Non. Je cède à un désir de changement, d'autant plus impérieux qu'il est moins raisonné ; je crois que j'y succomberai.

— Et si l'on vous faisait un sort en Espagne ?

— Que voulez-vous dire ?

— Si votre maître assurait votre avenir ?

— A moi ?

— Oui, à vous.

— Vous plaisantez ?

— Voyons, mon jeune ami, voulez-vous patienter quelque temps ? J'ai la certitude que vous n'aurez pas à vous en repentir.

— Vous avez un motif pour parler, dites-le-moi.

— Je vais vous parler à cœur découvert. Je suis vieux, je laisserai les affaires dans un an ou deux. Or, j'ai toutes sortes de bonnes raisons de penser que le choix de notre maître tomberait sur vous de préférence à tout autre.

— Quoi, vous supposez...

— Ne m'interrompez pas. M. Rivaltos vous aime beaucoup, il apprécie vos qualités et voudrait vous attacher à sa maison par l'intérêt et la reconnaissance. Puisqu'il faut que vous sachiez tout, ce que je vous dis est le résumé d'un entretien que nous avons eu ensemble. Je vous mets au courant de mon travail, puis je me retire ; c'est une attente de deux années. Saisissez-vous, à présent ? Sachez, pour votre gouverne, que le poste est lucratif et facile à tenir.

Une offre semblable eût réjoui tout autre que moi. Faut-il l'avouer ? Elle me causa de l'humeur. Je m'ennuyais à Salamanque, j'étais certain de m'ennuyer davantage à Madrid ; le service me pesait, et, faiblesse entraînante, je voulais toucher barre à mon pays. En outre, Catalina m'agaçait par sa jalousie, qui ne me laissait pas de trêve, et par ses soupçons, qui ne me quittaient pas. C'étaient des disputes, des brouilleries, des raccommodages ; j'en avais par-dessus la tête.

Un jour la maîtresse la surprit me jetant ces mots à la figure :

— Vous êtes un monstre !

Elle intervint :

— Que signifie, Catalina ? que vous a donc fait Pablo, que vous le malmenez ainsi ? Vous étiez si bien d'accord ! Je ne veux pas de cela dans ma maison, vous entendez ?

La maîtresse partie, Catalina fondit en larmes.

La proposition de M. Martos arrivait donc à la traverse de mes projets ; sans les ruiner, elle les troublait. Si je refusais, je laissais à M. Rivaltos et à sa famille une opinion détestable de mon jugement. Si j'acceptais, il faudrait mettre à la réforme l'imprévu et le hasard, ces deux coursiers aveugles, mais chéris, que j'avais chargés de conduire ma destinée.

Je répondis que nous reparlerions de cela, que rien ne pressait ; mais le bon régisseur, avec une expérience, un bon sens dont j'étais dépourvu et par de sages conseils que je n'écoutais même pas, me poussait si vivement, qu'attendri, sinon convaincu, je lui promis de ne rien faire à l'aventure.

Il était temps de prendre congé. Je m'inclinai devant la jeune fille, chapeau bas, à la française; sa petite main chercha la mienne.

— A bientôt, don Pablo?

— Oui, Mademoiselle, au revoir.

Le son de ces paroles d'espérance vibrait encore, que déjà la séparation éternelle commençait. Ainsi va le monde!

Fée blonde des moissons, elle n'a fait que passer sur la surface de ma vie, comme une ombre sur un mur!

Un vieux paysan était assis sur un banc, contre le mur de sa maison, à l'extrémité du pueblo ; il se leva et salua :

— Bonjour, Monsieur Martos, et la compagnie.

— Bonjour, Tio Bruno (père Brun), bonjour! La santé est toujours bonne?

— En remerciant Dieu, Monsieur Martos, cela va tout doucement.

—Êtes-vous allé voir le champ de Alcasancho? Il sera bientôt prêt à moissonner.

— Dans une huitaine, je présume. Bonne récolte, Monsieur Martos, j'espère; il ne faut pas se plaindre.

— Pablo, voilà un homme qui était à la bataille des Arapiles.

— Ah! vraiment, m'écriai-je, et je regardai le bonhomme avec une grande curiosité. Vous étiez soldat à cette époque? lui dis-je.

Lui m'examinait en dessous, et s'adressant au régisseur :

— Quel est ce Monsieur ?

— C'est le domestique de notre maître, un Français, qui a visité ce matin le champ de bataille, un charmant jeune homme.

Le laboureur reprit :

— Je n'étais pas soldat alors, j'étais déjà marié : cela n'empêcha pas que je fus battu par les Français la veille de la bataille, parce que je n'avais pas assez de provisions à leur donner, et battu par les Anglais le lendemain, parce que je ne voulais pas creuser des fosses d'enterrement. Il fallut le faire tout de même. En avons-nous mis sous terre des habits rouges et des pantalons rouges, des amis et des ennemis ! Les uns ne valaient pas mieux que les autres :

— Un seul homme, lui dis-je, est coupable de tous vos malhenrs.

— Ah ! oui, votre Napoléon ! je le sais bien. En voilà un que j'aurais eu du plaisir à enterrer ! Il nous a apporté tous les maux : la dévastation, la famine, la ruine, et le reste.

— Il vous a déclaré une guerre inique, digne d'un conquérant asiatique, mais qu'un roi de quinze ans n'eût pas risquée. Depuis la prise de Gibraltar, les Espagnols étaient les alliés naturels des Français contre les Anglais. Ils avaient versé récemment leur sang ensemble sur terre et sur mer pour la même cause, unis dans la même haine. La popularité de l'Empereur était énorme en Espagne, elle allait jusqu'à l'idolâtrie. Il a demandé davantage, il a voulu votre assujettissement. Sa perte en est sortie. C'est justice.

— Ah! çà! vous ne paraissez pas l'aimer beaucoup, votre Empereur?

— Non.

— Pourquoi? Il a fait du bien à votre pays, puisque son neveu vous gouverne.

— Là-dessus il y aurait beaucoup à dire, selon une locution de votre illustre compatriote Sancho Pança. Son règne a du bon et du mauvais. Mais j'habite l'Espagne, et je le juge à travers les souvenirs de la guerre d'Espagne. Une si grande aberration du génie m'irrite, et ses conséquences m'attristent.

Le régisseur était heureux d'un pareil langage; il souriait; volontiers il m'eût sauté au cou. Quant au Tio Bruno, il me prit par le bras et, avec une vivacité juvénile, il voulut me faire entrer chez lui; je me défendis courtoisement, redoutant l'âcreté de son vin noir; M. Martos vint à mon secours, fit lâcher prise au bonhomme et me dit adieu. Ses derniers mots furent une recommandation paternelle :

— Ne faites pas de coup de tête, réfléchissez.

— Oui, oui, au revoir.

Effectivement je me mis à réfléchir en marchant à grands pas. Tout-à-coup : Tiens! tiens! tiens!

Ces onomatopées retentirent au milieu de la campagne et de la nuit comme des rappels d'un chasseur à son chien égaré dans les blés.

— Tiens, ce vieux père Martos, je le vois venir! Il veut me colloquer sa petite-fille, sa place et sa fille! C'est à cette fin qu'il m'a invité à dîner. Bête que je suis de ne l'avoir pas deviné! Sans doute, la place est bonne, et la jeune personne est jolie, mais ma liberté est encore meilleure et plus belle. A mon âge m'ensevelir dans ces guérets des basses terres, vivre comme un cloporte parmi des paysans ! non, mille fois non !! Je n'ai pas encore assez roulé; afin de ne pas me laisser prendre dans cet engrenage, dès demain je donne ma démission. Enfoncé le père Martos !!

Et je m'en allai chantant :

> Vivent la pluie et les voyages,
> Les aventures de roman !
> Pour la jeunesse, les orages
> Valent bien mieux que le beau temps.

VIII

La nuit, qui, dit-on, porte conseil, affermit ma résolution de la veille. Le matin, je me présentai, à l'heure habituelle, devant mon maître, un peu ému tout de même; aussi ce fut en balbutiant que je lui tins ce propos :

— Monsieur, l'instruction de Monsieur Philippe est terminée, je n'ai plus rien à lui apprendre; et comme je viens de recevoir une lettre de mes parents, me rappelant en France, je viens vous prier de me chercher un remplaçant.

— Comment, comment, s'écria-t-il, surpris au dernier point, vous voulez me quitter ! Pourquoi ?

— Que voulez-vous, Monsieur, il y a en France un oncle qui me veut du bien et qui me presse de retourner auprès de lui ; c'est une question d'avenir, et comme vous n'avez plus besoin de moi pour...

— Vous auriez pu vous faire une position dans ce pays ; mais puisque vos parents vous rappellent dans un intérêt d'avenir, je n'élève pas d'objection.

Après un court silence, j'allais me retirer ; il ajouta :

— Vous êtes allé voir Martos hier ?

— Oui, Monsieur.

— C'est bien.

Je retournai à la cuisine ; heureusement Catalina n'y était pas. Madame était sur mes talons et me criait avec impétuosité :

— Que viens-je d'apprendre, Pablo ? Vous voulez partir ?

— Oui, Madame, il le faut.

— Quoi donc ! un parent ? Il se passera de vous, restez. Ne prenez pas de résolution à la légère ; je n'accepte pas votre congé.

— Mais, Madame, c'est impossible.

— Eh ! bien, je vous donne quinze jours de réflexion avant de prendre un parti. Promettez-le-moi.

— Oh ! certainement, Madame.

J'annonçai à Catalina la grosse nouvelle ; elle demeura saisie ; ensuite elle me dit d'une voix mourante :

— Vous faites bien, Pablo, partez. C'est un grand

sacrifice, mais il vaut mieux qu'il soit accompli à présent que plus tard. Je ne puis plus vivre ainsi, je souffre trop. Lorsque vous serez parti, je serai malheureuse, mais tranquille; je serai délivrée au moins de ces secousses qui me tuent.

Elle disparut dans la pièce à côté ; je l'entendais sangloter, mon cœur se gonfla, et je pensai : mon Dieu ! mon Dieu, que je voudrais être en route !

Tristes scènes que celles des adieux !

Pour me soulager, j'allai informer mes amis de ma détermination subite, en passant sous silence la proposition du régisseur.

— Comme tu vas me manquer ! dit Forfer avec tristesse. Tu retournes en France par Valladolid ?

— Non, par le Portugal.

— Quelle idée !

— Le Portugal me tente, la mer aussi. Je veux épuiser toutes les manières de voyager.

— Je t'engage à te défier de la chaleur.

— La chaleur ?

— En Portugal, elle est atroce au mois de juillet.

— Je m'en moque.

— Tu t'en moques ici, mais en Portugal tu verras.

— J'ai sur ce sujet une théorie personnelle, dont l'application, personnelle aussi, est féconde en bien-être. Je l'éprouve tous les jours. Qu'est-ce que la température ? une force ; qu'est-ce que l'homme ? une force, ou plutôt un composé de deux forces, l'une physique, l'autre morale. Quand la température se tient aux environs du vingtième degré, elle est un bienfait pour l'homme, qui, heureux, s'écrie : Qu'il fait bon vivre aujourd'hui ! Mais elle ne conserve pas cette mesure bienfaisante. Tu as dû remarquer que la vertu la plus rare ici-bas, c'est la modération, dans la nature comme dans l'humanité. Si tu trouves un particulier qui ne perde pas un peu de la modération nécessaire, ou en religion, ou en politique, ou en santé, ou en plaisirs, ou en activité, ou en paresse, tu auras vu un phénix. Regarde les Espagnols : la politique les dévore, on croirait qu'elle fait partie de l'air qu'ils respirent. As-tu connu une saison qui réalisât, de son commencement à sa fin, le printemps tel qu'on le souhaite ? Donc, la température dépasse de beaucoup ce bienheureux vingtième degré ; dès lors, elle devient l'ennemie de l'homme. Ce sont deux athlètes qui vont lutter. Celui-ci, attaqué, se défend physiquement, pendant l'hiver, par le feu et des vêtements chauds ; pendant l'été, par des rafraîchissements ou d'autres armes, moyens factices qui ne sont pas à la portée de toutes les bourses et qui, d'ailleurs, sont insuffisants, puisque, à cette heure même, l'on entend, dans tous les patios, les riches se plaindre de la chaleur. Que doit-on opposer à la température ? La force morale, faire preuve envers elle d'un beau mépris, n'y pas penser : elle sera vexée, mais impuissante contre le parti pris. Le froid ? connais pas ; le chaud ? connais pas. Je n'ai rien de commun avec ces gens-là, ça ne me regarde pas. Je passe mon chemin, qu'ils en fassent autant. Je ne leur demande rien, je vais à mes affaires et n'ai point souci des leurs. Mon indifférence envers la température va si loin, qu'au mois de juillet je m'approche d'un feu de bois et j'y prends du plaisir : histoire de narguer la chaleur.

La famille de Dominique se livra à des doléances résumées en ce mot si petit et si gros : tant pis !

Tout mon monde prévenu, je préparai mon départ. Par les soins des dames Forfer, je vendis le contenu de ma malle, habits, linge, etc. Je ne conservai que le linge réglementaire du soldat et un vêtement de rechange, de quoi remplir un petit sac de voyage. Je fis emplette d'une *sayaguesa*, couverture en laine rayée de couleurs tranchées, qui sert d'écharpe aux femmes et de manteau aux hommes du peuple. Ensuite, j'attendis mon remplaçant.

IX

Sur ces entrefaites, mon ami tomba gravement malade d'une fluxion de poitrine, qui dégénéra en pleurésie et mit sa vie en danger. Je ne voulus pas l'abandonner dans cette extrémité, et je comptais revenir sur ma détermination, ainsi que Mme Rivaltos m'en avait donné la faculté ; cela avec d'autant plus de bonne volonté, que la bienveillance des maîtres à mon égard ne s'était pas ralentie ; mais l'arrivée du vieux régisseur vint gâter mes affaires et précipiter mon départ.

Le père Martos raconta probablement à mon maître que je cédais en voulant partir, comme il me l'avait entendu dire à moi-même, à un pur caprice. Il fut évident pour le senor Rivaltos que la lettre de mon oncle était un conte, et que je lui avais menti. Il ne pouvait pardonner mon manque de franchise envers lui.

A compter de ce jour, le patron et sa famille me montrèrent une froideur que je ne pouvais pas supporter. Je profitai de la première occasion pour confirmer à Madame ma résolution de partir.

— Dès demain, si vous voulez, me répondit-elle sèchement.

— Mais, Madame, j'attendrai que vous ayez quelqu'un.

— C'est inutile.

— Je partirai demain matin.

Nous étions au samedi. Catalina avait été triste, mais résignée jusqu'alors.

— Déjà ! dit-elle en apprenant que c'était pour le lendemain. Allons, partez demain pendant que je serai à la messe, je n'aurais pas le courage de vous dire adieu. Penserez-vous quelquefois à la pauvre Catalina ? Dans votre pays lointain, souvenez-vous que je vous ai bien aimé ! ..

Ses pleurs coulaient sur ma main, qu'elle tenait appuyée sous son menton. Sa douleur me faisait mal.

— Catalina, lui dis-je, je vous écrirai, voulez-vous?

— A quoi bon ? Eh ! bien, oui, écrivez-moi de France une fois, chez Francisca ; elle sait lire l'écriture et n'est point bavarde.

Dans la soirée, je fis mes adieux.

Le patron me sermonna :

— Vous êtes un brave garçon, mais trop inconstant. Je crains que vous ne réussissiez à rien. Enfin, si vous avez besoin de moi plus tard, vous me trouverez. Tenez, voici votre compte ; prenez aussi cela.

Il y avait cinquante francs d'étrennes.

Sa femme fut plus froide ; l'enfant, qui m'aimait beaucoup, se jeta dans mes bras.

Je quittai cette digne famille avec une émotion mêlée d'amertume. J'étais mécontent de moi-même, je sentais que ce n'était pas ainsi que j'aurais dû m'éloigner d'elle ; je commençais à sentir le poids de ma maladresse, qui fut, non pas de partir, mais de me faire prendre en flagrant délit de mensonge, et de passer auprès des gens sérieux, dont la considération m'était précieuse, pour un être léger et sans consistance.

Avec Catalina, je brusquai mes adieux, je l'embrassai à plusieurs reprises, et je me sauvai.

La première partie de mon voyage devait s'effectuer à dos de mulet, avec un guide jusqu'à un grand village de la frontière, appelé *la Fregeneda*. Mon guide était retenu ; il était âgé de cinquante ans, et avait autrefois accompagné Forfer en diverses excursions. On pouvait compter sur son expérience. Il m'attendrait au parador.

On arrêta le plan du voyage. Le mulet serait prêt à l'écurie à midi, le lendemain dimanche 5 juillet. Je fis quelques emplettes de costume et autres. Les femmes préparèrent des provisions de vin, pain, viande, pour trois jours de route. Je passai la nuit sur une chaise, au chevet du lit de mon ami. Le matin, à sept heures, sachant Catalina à la messe, je retourne calle de Zamora, je monte à ma chambrette et j'ouvre ma croisée.

Le tableau observé tant de fois de mon belvéder n'a pas changé, mais toute la tristesse du cœur montant aux yeux, combien il est regardé différemment! Adieux de l'heure suprême, comment vous raconter? Les monts lointains semblables à des murailles d'ardoise, la campagne dorée de blés mûrs, la rivière et la cité acquièrent, avec une intensité grandissante, le charme presque divin des êtres aimés dont la perte est à pleurer. Ils vont mourir à ma vue. L'absence éternelle, comme une nuit qui n'a plus d'aube, va les couvrir. Désormais je les verrai spectres dans l'ombre, de jour en jour plus épaisse, des années. Entre eux et moi, un seul lien, la mémoire! Qu'elle garde toujours l'impression des sites charmants et des scènes vécues! qu'elle soit le nœud de la fragile alliance!

Ici, pendant trois mois de mon printemps, j'ai rêvé. Si, dit-on, rien ne se perd, aussi bien les choses d'ordre purement métaphysique que les choses d'ordre matériel, plus d'une des rêveries que j'ai semées aux vents de cette plaine errera peut-être dans vingt ans sur les rives désertes de la Tormès; et qui sait si, s'incarnant en lui, plus d'un pâtre indolent ne sera pas, ne fût-ce qu'un moment, surpris de se sentir par elles un homme nouveau? Qui sait encore si ce n'est pas ainsi que les idées, dont les envergures sont autrement puissantes que les rêves, font le tour du monde?

Il faut descendre. Josefa est à la cuisine, elle reçoit un baiser sur la joue ; Miguel est à l'écurie, ma main presse la sirnne.

— Vous laissez des malheureuses ici, dit-il avec un rire épais.

Sans lui répondre, je me sauve précipitamment, ma valise à la main ; mais en route la pensée de laisser « une malheureuse ici » me fatigue comme un remords ; je me dirige vers la demeure de Francisca l'épicière, amie de Catalina.

— Madame, lui dis-je à l'oreille, vous recevrez de Lisbonne une lettre destinée à votre amie Catalina ; vous me promettez de la lui lire?

— Je vous le promets.

— Vous m'obligeriez de le lui faire savoir aujourd'hui même.

— Oui. Comme ça, vous partez pour tout de bon ?

— Hélas ! oui.

— Vous reverra-t-on ?

— Qui sait ?

— Bon voyage, don Pablo !

— Voulez-vous me permettre un baiser que vous lui rendrez ?

— De tout mon cœur.

Je l'embrasse, et je file.

L'heure de midi s'approche. Dominique et moi, nous causons notre dernière causerie ; de malade à voyageur, elle n'est pas gaie. Il me dit d'une voix altérée :

— Dans quelle situation tu m'abandonnes !

— Du courage, mon ami, tu te relèveras vite.

— Tu crois? Les pleurésies, c'est long.

— Tu es mieux.

— Si peu! Je ne sais pas encore si mon existenc s'en va à tant mieux ou à tant pis. Quand nous rever rons-nous, nous reverrons-nous jamais?

— Espérons. Nous sommes jeunes tous deux, et tou deux Français. Il y a beaucoup d'espoir de rapproche ment.

— Écris-moi aussitôt ton arrivée en France.

— Je crois bien! Tu me répondras de suite pou m'annoncer ton rétablissement?

— Certes!

— Écoute. Tu as conservé la branche de pin cassée de la sierra : tu te rappelles ce que je t'ai dit alors, je t le répète à cette heure solennelle. Si tu tombes en dé tresse, envoie-moi ce rameau symbolique à l'adress que voici (j'écrivis le lieu de ma naissance) : on me l fera parvenir, et du fonds de l'univers j'accourrai ver toi, et réciproquement, n'est-ce pas?

Il serra ma main fortement.

— Adieu, mon ami, ajoutai-je, au revoir dans ce monde, n'en doutons pas.

Je l'embrasse. Les dames en larmes me serrent dans leurs bras; la porte se ferme, mais la fenêtre s'ouvre : les femmes, penchées en dehors du balcon, me saluent de la voix et de la main jusqu'à ce que j'aie disparu au coin de la rue.

ETOUR PAR LE PORTUGAL

I

Lorsqu'on veut voyager en Espagne avec un guide, et un guide est à peu près indispensable à l'étranger voyageant isolément, il est d'usage de se présenter à la municipalité, qui prend son nom et le vôtre. Cette formalité rend le guide responsable de la sécurité du voyageur. Je n'avais pas besoin de la remplir avec Manuel, homme cité par sa probité. Il marchait allègrement à côté du mulet sur lequel j'étais assis de côté, les jambes pendantes, à la façon d'un campagnard revenant du marché; ma désinvolture en souffrait, mais mon costume, qui n'aurait pas fait tache au milieu d'une bande de brigands espagnols, me consolait un peu.

J'avais acheté un vaste sombrero pour garantir mon chef des coups du soleil de juillet. Une veste espagnole en velours soutaché n'avait garde de cacher une ceinture de laine rouge d'où sortaient, agressives, les crosses arrondies de deux pistolets; un pantalon ample, de couleur grise, débordait aux genoux sur des guêtres jaunes serrées autour d'une jambe fine. Des brodequins en cuir chamois complétaient ma mise originale.

La selle de mon mulet était un bât fait comme un tremplin de cheval de cirque et flanqué de deux corbeilles de taille à porter toute la dîme en nature d'une paroisse. Dans l'une ballotait mon sac de voyage, l'autre contenait le panier à provisions. Si donc l'on était très mal à cheval, on était fort commodément assis.

Mais nous ne devions pas voyager seuls. Les parents de Manuel habitaient un village de la frontière, près de la Fregeneda. Il avait rencontré des gens de son pays venus à Salamanque pour vendre leurs denrées et qui retournaient chez eux. Ceux-ci nous attendaient sur le pont, déjà en selle ou plutôt en bât. Les bons paysans avaient fait une vingtaine de lieues, et marché trois journées ; le retour au pueblo exigeait aussi trois jours ; total : une semaine employée à l'écoulement de produits potagers d'une valeur de 5 à 10 francs. En France, un pareil déplacement ne cause aux ménagères que la perte d'une demi-matinée au plus.

Ainsi à vingt lieues à la ronde, sauf dans quelques villages rares des environs, il n'y avait pas de jardins potagers et fruitiers pouvant alimenter la ville de légumes et de fruits ; surtout pas un jardinier qui eût choisi un terrain fertile à proximité d'un marché, aux portes de Salamanque, dans le but, visible à crever les yeux, d'y récolter de l'or. Ni jardins, ni jardiniers !

Ce sont *cosas de Espana* (choses d'Espagne) ; cela ne regarde pas les gavachos. En route, trottons ! Passons la Tormès, prenons la route de Ciudad-Rodrigo.

Nous étions six : cinq cavalcadours et un homme attaché à mon service. Cette manière de voyager me plaisait infiniment ; je voyais tout, sans fatigue.

Mon chagrin et mes inquiétudes au sujet des infortunes que j'avais laissées derrière moi perdaient de leur acuité ; j'allais, de plus en plus dégagé du cœur, aux heures et aux sensations nouvelles.

Je remarque que je ne dis rien de la température, qui, dans les climats septentrionaux, a une influence si considérable sur l'humeur des voyageurs, et souvent sur la marche ou la durée des voyages. A partir de la fin de mai, il est entendu que les nuages sont introuvables au ciel, devenu d'une sérénité parfois désespérante ; n'en parlons plus ; mais je parlerai de la chaleur de haut-fourneau qui nous accablait sur une route poudreuse dépourvue d'ombrages. Malgré l'ombre dont ma tête était protégée, je sentais fondre ma cervelle par la convergence des rayons d'un soleil terrible. Je ne laissai pas que d'en être étonné, parce qu'à Salamanque, pour mon compte, je n'avais pas fait mentir le proverbe qui a cours aux pays chauds, à savoir qu'aux heures les plus lourdes de la journée, de sieste générale, il n'y a que des Français et des chiens par les rues. Il est vrai qu'à Salamanque j'étais plus ou moins emmaisonné.

— Mâtin, quelle chaleur ! disais-je de loin en loin.

Les autres étaient contents, je les voyais rire sous cape. Sous cape est le mot propre : l'un de ces naturels portait un manteau, *capa*. J'éprouvais du plaisir à contempler celui-là, quoiqu'il fût d'un galbe grossier ; il me rappelait vaguement l'hiver, sa bise, ses frimas ; j'en étais un peu rafraîchi et je pensais :

— Riez tant que vous voudrez, je ne reculerai pas. Ma théorie de l'indifférence en matière de température est entamée, je le sais; c'est une surprise, rien de plus.

Ma volonté entre en ligne, je ramasse mes forces, et, d'un coup de poing renforçant mon chapeau, je dis à la chaleur : A nous deux!

Manuel étendit le bras :

— Voyez-vous cette maison au bord de la route? C'est une hôtellerie. Nous allons nous y arrêter.

Halte à la Venta. Les bêtes çà et là, les cavaliers autour d'une table placée dans l'ombre de la maison.

Je me contente d'un peu d'eau et de vin. Les caballéros mangent une salade. La salade mangée, ils se renversent aux dossiers de leurs chaises, ferment les yeux, ouvrent la bouche, et se mettent en chœur à..... roter.

Le terme est bas, j'en conviens, la chose l'est davantage; mais comme elle est très répandue dans les classes inférieures de la société espagnole, je la signale. Elle l'est tellement, que dans la partie du Midi de la France qui touche à la péninsule, dès qu'une incongruité de ce genre trahit son auteur, chacun de dire :

— A toi, Espagnol!

Tous les peuples, sous toutes les latitudes, se soulagent en éructant. L'Espagnol, du peuple s'entend, seul sait roter.

Par privilége de position, j'avais recueilli bien des impressions semblables, mais je n'avais jamais rien entendu qui approchât de la perfection inimitable de la symphonie exécutée à la Venta par quatre barytons espagnols. Point de mélodie certes! une note, une seule note, comme celle de Sosthènes Ducantal, mais quelle note agréable pour ceux à qui elle plaît ! La ralentir, l'accélérer, la prolonger indéfiniment, la filer, était un jeu pour nos virtuoses. C'est la Tyrolienne des butors.

L'éructation, effet particulier d'une mauvaise disposition de l'estomac, est, dans l'espèce, la conséquence de la quantité d'eau qu'on ajoute à l'assaisonnement de la salade. Le convive, après avoir avalé sa dernière feuille de salade, boit la sauce à même l'assiette ou le saladier, et rote.

Ecouter ces singuliers artistes devint un entraînement; la fantaisie me prit de les imiter, je réussis. Un talent de société inédit était trouvé. Je m'y perfectionnai, et la première fois que je retournai dans le monde, j'eus un succès fou auprès des dames.

Les voyages forment la jeunesse.

A cheval, Messieurs, à cheval !

La cavalcade prend, à droite, un chemin tracé par des ornières, entre des champs de froment. En avant, au fond de la plaine, une forme sombre attire mes regards ; Manuel me renseigne, c'est une forêt.

Une forêt ! Il y a si longtemps que je n'ai pas vu d'arbres groupés, que j'en ai la nostalgie. Je soupire après eux, comme le voyageur au désert soupire après la fraîche oasis. Ce n'est pas le besoin de chercher un abri contre la chaleur qui cause mon agitation nerveuse, c'est l'envie ardente de revoir des massifs.

De même que la mer, à qui elle emprunte, lorsqu'elle est remuée par la brise, sa plus douce voix, la forêt est une charmeuse d'âmes. L'influence de ses senteurs printanières, ou de ses aspects d'automne, ou de sa solitude austère, avaient accumulé dans mon cœur un groupe de sentiments élevés, que l'éloignement des bois alanguissait et que leur rapprochement ravivait, semblables à un bouquet de fleurs flétries puis ranimées par l'eau bienfaisante. Illusions de gloire, pensers d'amour, fleurs de l'âme, aujourd'hui desséchées mais immortelles, c'est en foulant les feuilles mortes, c'est en écoutant les sons des trompes et les aboiements des chiens résonner sous les futaies, que je vous ai le plus vécus aux jours évanouis de l'espérance, et c'est en suivant les chemins forestiers, mes mains enlacées aux tiennes, O...! que je t'ai le plus aimée! Le *summum* de mon idéal ici-bas est celui-ci, parfois entrevu : contempler une beauté modeste, assise sous un vieux chêne, à l'heure où l'on entend une fanfare de chasse que les échos mourants font trembler dans la profondeur des bois.

Cet idéal, les anciens l'avaient compris, que dis-je? ils l'avaient divinisé. Qu'est-ce que Diane chasseresse, sinon la plus haute expression de poésie du paganisme et de sa beauté morale? Déesse née du mystère des grands bois où elle menait sa chasse invisible, vierge sortie de l'imagination des âmes chastes, précédant ainsi Marie de Judée, comme une ébauche précède l'œuvre parfaite, Diane enchanta la société païenne, et Ephèse, la merveille de l'Ionie, fut le résultat du double culte qu'elle avait inspiré. Plus religieusement elle était adorée aux sombres carrefours, sur les rochers, ses autels naturels, sous les voûtes de feuillage formées par les branches entrecroisées des arbres faisant de la forêt un vaste temple. Le chasseur le plus farouche, le voyageur le plus intrépide, dès qu'ils en franchissaient l'enceinte, perdaient leur assurance, troublés d'un ravissement secret, impressionnés partout par la présence de la grande Déesse. Les rayons de soleil qui filtraient à travers les ombrages étaient des traînées de lumière laissées par les flèches qu'elle avait lancées, le réseau de brume suspendu au-dessus des clairières était le voile dont elle s'enveloppait pour dormir. Ils l'écoutaient passer, suivie de ses nymphes, par les ravins et les monts, dans les bruits du vent, dans les clameurs lointaines des torrents. Ils avaient le désir et la crainte, à la fois, de la voir surgir elle-même de l'ombre, près d'eux, éblouissante au milieu d'une clarté céleste. Une terreur religieuse et poétique s'exhalait des contrées sylvestres et montait vers les cieux comme une vague adoration du vrai Dieu inconnu. Dieu demeurait inconnu, mais son esprit flottait sur les forêts.

— Prenez patience, me dit Manuel répondant à mon désir, nous serons au bois demain matin. Ce soir, nous avons à nous occuper du gîte et du souper.

— Le souper, je n'en suis pas inquiet, je le trimballe, mais je ne vois pas la bicoque qui nous abritera la nuit.

— Il y a un pré à une demi-lieue d'ici, nous y dormirons.

— Quoi, en plein champ?

— Oui; cela vous contrarie?

— Au contraire, je suis content de coucher à la belle

étoile! Votre proposition a de gros avantages : on n'a pas à craindre la vermine, ni à se préoccuper de la propreté des draps ; je ne parle pas des frais d'hôtel, réduits à zéro. La galère, c'était déjà bien, ceci est mieux.

Nous atteignons la prairie au coucher du soleil ; les bâts sont déchargés et rangés en un seul tas ; les animaux, lâchés, traînent leurs grandes ombres sur le gazon sec et brûlé du pré ; on dispose le souper. Manuel et moi, nous attaquons le rôti ; nos compagnons soupent de lard rance qu'ils poussent avec une gorgée de vin ; ensuite, s'étant torché la bouche avec leurs manches, ils allument des cigarettes.

De braves gens, que ces paysans, nonobstant leur goût pour une certaine tyrolienne! Ils avaient eu contre moi, la première heure, la prévention naturelle que ceux qui ne sont jamais sortis de leurs villages nourrissent contre les étrangers ; elle avait cédé aux renseignements donnés par Manuel sur mon état récent et sur mon honnêteté ; ils étaient devenus attentifs à m'obliger. Tout en fumant, ils me demandent pourquoi j'ai quitté ma position.

— Parce que je veux retourner chez moi.

— La maison est bonne pourtant, dit l'un d'eux.

— Très bonne ; si je la quitte, c'est pour une meilleure.

— Laquelle donc?

— La mienne.

Ce pronom possessif me grandit considérablement dans leur estime ; je n'étais plus un vagabond, j'avais pignon sur rue, privilége en Espagne.

Le soleil plonge derrière la ligne confuse des arbres que je désirais rejoindre. A l'opposé, le disque plein de la lune commence à monter avec le crépuscule.

Les voyageurs s'agenouillent, et, dans une attitude recueillie, élèvent leurs âmes à Dieu par une courte prière.

Autour des bâts réunis, comme autour d'un centre, chacun déroule sa couverture, s'étend dessus, les membres libres, le feutre rabattu sur les yeux. Les angles que font nos corps, rapprochés par la tête, éloignés par les pieds, forment, par leur assemblage, la figure assez bien réussie de la rose des vents. Des baillements et des soupirs mal étouffés préludent au sommeil. Tout se tait. Le bruit d'une respiration sonore trouble seul, par instants, le profond silence nocturne.

II

Eussiez-vous le sommeil aussi dur que celui de l'empereur Barberousse, un bon coup de bâton sous la plante des pieds vous réveillera. Ce maître coup me fut appliqué vers minuit ; j'entr'ouvris les paupières, et voici ce que je vis :

Un homme nu-tête, aux longs cheveux dénoués et ruisselants sur les épaules, drapé dans un manteau de peaux de bêtes qui tombait comme une chasuble derrière lui, et pieds nus.

Dans le premier trouble de mes sens engourdis, avant que je n'eusse recouvré ma raison, je crus à l'apparition d'un être surnaturel qui se montrait comme une vision et qui allait s'envoler ou se dissoudre en fumée, fantôme qu'un rêve avait conçu, que le réveil allait dissiper. Être réel ou chimérique, il se détachait vivement en noir sur la nuit diaphane; la lumière argentée de la lune l'enveloppait des pieds à la tête, dans une auréole. Tel le Christ a été représenté marchant sur la mer à la rencontre de ses disciples. Était-ce saint Jean-Baptiste le précurseur?

Un second coup de trique me convainquit, en me réveillant tout à fait, que si l'individu qui me dominait de sa hauteur était un saint, il n'en avait pas la patience :

Je me soulevai sur mon coude, et avec humeur :

— Que me voulez-vous ?

— Payez-moi, dit l'intrus.

— Vous payer? m'écriai-je, stupéfait au-delà de toute expression.

— Oui.

— Mais de quoi ?

— De ce que vous me devez. Allons!

Ce gueux-là, un créancier? C'était trop fort secouant le guide :

— Manuel, Manuel !

— Eh!

— Réveillez-vous.

— Ah ! oui ; voilà, qu'est-ce que c'est ?

Manuel se lève à demi :

— Faites-moi le plaisir de demander au particulier présent ce qu'il nous veut, je n'y comprends rien sur ma parole.

— Payez-moi, répète l'autre.

— Bon, bon, dit Manuel. J'y suis, tenez.

Et Manuel lui donne quelque monnaie. Il n'y a pas apparence que l'étrange personnage soit un saint, car il est trop ferré sur la question argent ; en tournant à tous les points cardinaux, il secoue les dormeurs l'un après l'autre. On entend des grognements suivis d'un tintement de sous. Pendant que le majestueux inconnu s'éloigne à pas lents et s'efface, Manuel m'explique qu'il est venu interrompre notre sommeil, armé de son droit. Il est propriétaire ou fermier du pré dans lequel nous sommes campés, bêtes et gens. Le maître d'hôtel a présenté lui-même sa note, à cette heure indue.

Le montant de l'addition pour chacun de nous, chambre, écurie et fourrage pour les animaux, se monte à la somme d'un sou, pourboire compris.

Vers les deux heures du matin, nous secouons nos vêtements, moites de rosée. Les mulets sont rattrapés, les bâts chargés ; nous reprenons la direction du Sud-Ouest.

Le soleil éclairait les crêtes dentelées du Guadarrama lorsque nous atteignîmes les premiers arbres ; encore n'étions-nous pas sur la lisière d'une forêt proprement dite : les arbres étaient espacés par deux ou trois, en bouquets ; des landes alternaient avec des taillis et des champs en grande partie moissonnés.

J'aimais ce paysage, qui me remémoriait les campagnes du centre de la France ; mais ce qui me causait l'émotion la plus vive, la plus profonde, c'était d'entendre des airs doux et traînants, qu'à cette heure, poétique entre toutes, quelque pasteur invisible jouait sur son chalumeau.

Quelquefois le pâtre apparaissait à la lisière du bois avec ses moutons paissants. Ce sauvage n'avait rien de commun, sans doute, avec les bergers enrubannés de Florian, mais son vêtement coupé dans la toison de ses brebis, sa houlette pastorale me rappelaient en foule mes études classiques. Incontestablement les bergers de Virgile n'étaient pas d'une autre facture ; les airs qu'il jouait en trémolos, il les tenait, par la tradition, des compagnons de Sertorius, car tout en lui, les siècles à part, était contemporain des Ibères, le costume, la crosse, la musique, l'existence contemplative.

Deux essences d'arbres dominaient dans le pays couvert et accidenté que nous traversions : l'olivier, au feuillage sombre, et une espèce de chêne appelés roble, qui porte des fruits d'un goût de noisette. Une quantité de bêtes effarouchées, qu'on devinait plutôt qu'on ne voyait, s'échappaient avec bruit des buissons voisins et glissaient sous les fourrés. Des lézards verts, énormes, longs de un à deux pieds, passaient prestement devant ou derrière nous, souvent entre les jambes des mulets, et se perdaient dans la broussaille.

Nous arrivons à un pueblo des plus misérables ; ils sont tous pareils ; des maisons, véritables cahutes, hautes de douze à quinze pieds, avec des regards pour fenêtres et des toits couverts en pierre plate.

Pendant que je déjeune, à la posada, d'une tasse de lait et de deux œufs à la coque, un passant porteur d'un gigot de mouton, entre sans dire bonjour, prend un mauvais couperet, pose le gigot sur un billot, et, d'un bras sacrilége, le coupe, le déchiquette, le met en lambeaux. Les chiens du fameux songe d'Athalie ne mirent pas en pire état la pauvre Jézabel. Cette première opération terminée, les morceaux de mouton sont jetés dans une poêle et baignent à demi dans de l'huile d'olive non épurée. Le bois vert s'allume, le gigot cuit au milieu d'une fumée âcre.

Un paysan de chez nous eût été scandalisé. Et moi donc, qui étais devenu un voyageur que rien n'étonnait plus en fait de cuisine !

O gigots de France, blonds, roux dorés, tournant lentement à la chaleur d'un feu clair, et que l'on arrose avec le jus qui, dans la lèchefrite, grésille, crépite et pétille ! ! !

Nous nous mettons en route par une température de feu. Je commence à craindre que ma tête endolorie ne se partage en deux. Aussi je compte les minutes ; je vois avec soulagement l'âne en tête de la troupe quitter le sentier, nous à sa suite, trotter la longueur de trois cents mètres, et pénétrer dans un cirque de cinq à six cents mètres carrés de superficie, fermé aux trois quarts par un mur de rochers, aqueux, vert, abrité, égayé par une source et ombragé en son milieu par un chêne aux branches bien étalées.

Boire et manger sont une joie, dormir après avoir bu et mangé est la joie la plus douce. Cette dernière faveur m'étant refusée, aussi bien que la faculté de faire une concession à l'atmosphère embrasée, je fais le tour du cirque et je vais m'asseoir à la pointe du plus haut rocher. Sujet de peinture : les dormeurs, jetés de droite et de gauche, comme des guerriers morts ; un mulet broutant, des mulets couchés ; des oppositions de lumière, d'ombre et de couleurs, et, sur une corniche de la muraille, l'ex-Criado ressemblant à un gros oiseau perché.

Mais il faut s'arracher du vallon enchanté ; l'heure inexorable nous dit : Marche ! Nous marchons jusqu'au soir. Le sol devient de plus en plus accidenté, de longues collines ont remplacé la contrée ondulée que nous avons traversée hier.

A la nuit tombante, nous campons sur un plateau herbeux, d'où, avant la nuit, j'eus le temps de jouir du spectacle admirable des montagnes. Manuel me désigna de son bâton, successivement, les sierras de Ségovia, du Guadarrama, d'Avila, de Francia, de Gata, puis les montagnes du Portugal, déjà très rapprochées.

Le poids des journées brûlantes et la fatigue que cause à qui n'y est pas habitué le balancement du mulet, me donnaient d'indicibles envies de dormir... Quand l'heure du souper était venue, avec quelle ardeur je dépêchais mon maigre repas pour me jeter sur ma couverture !

Le soir de ce second jour de marche, un olivier vénérable nous servit de tente ; j'y dormis d'un sommeil qui ne fut dérangé ni par de mauvais rêves, ni par de méchants maîtres d'hôtel d'un sou. L'hospitalité fut écossaise, le quart d'heure de Rabelais ne sonna point.

III

Sous le doux regard de Phœbé à l'arc d'argent, les oyageurs lèvent le camp et reprennent leur chevauhée vers le couchant. L'un d'eux, le jeune Français, erçait son sommeil par la nuit sereine et se souciait, omme d'un caillou roulant, de la petite ville de Vitiguino que le guide s'obstinait à lui montrer à distance. a gaie lumière du soleil levant le réveilla, et la bonne umeur qu'il répandit autour de lui, en faisant circuler a *bota* de bouche en bouche, rétablit la sienne. A force e prodiguer les larmes automnales de la vigne à mes ompagnons de route dans tous les villages où nous vions la chance de rencontrer une posada et du vin, avais fait la conquête de la caravane et j'étais accomagné d'une cour idolâtre. L'enthousiasme de mes courisans augmentait à chaque station. J'ai placé là en sinulière estime les Français, par mes procédés de facile énérosité.

Le lecteur compose tout de suite un tableau dans sa ensée : il voit la salle propre d'une belle auberge garie de tables, de bancs ou de chaises, de bons companons assis et trinquant à la santé du voyageur qui eur offre une tournée champêtre. Cette conception est imaginaire ; dans les cabarets à l'état rudimentaire de la contrée, il y a à rabattre de ce confortable pourtant si mesquin.

Ainsi, ce jour-là même, nous faisons halte à un pueblo d'une tenue moins pauvre que d'autres. L'unique posada avait une façade accueillante et une cour. Dans la cour était un banc ; nous sautons à terre et nous allons nous y asseoir. En même temps, l'hôtesse apparaît sur le seuil de sa demeure. De sa place, Manuel crie :

— Vino !

Elle rentre et revient avec un broc de faïence grossière rempli qu'elle pose à nos pieds ; on ne la revoit plus.

— Ensuite ?

— C'est tout. Le pot passe de main en main, chacun y plonge ses naseaux fumants et boit. Voilà ce que c'est qu'une tournée. Lorsque, comme c'est le cas à cette halte, on se trouve à côté d'un mendiant assis sur un fumier, lépreux, pourri et gémissant, on n'a qu'à se remettre en selle et filer après avoir lâché son aumône, ce que j'allais faire si je n'avais été retenu par un bruit de voix qui parvenait à nous de l'intérieur. On entendait ceci :

— Vous me devez quatre *arrobes* de froment (environ un sac).

— Je ne nie pas, Monsieur, mais je ne puis pas vous les donner, vous le savez bien ; ma femme est malade depuis longtemps, mes ressources sont épuisées, nous avons de la peine à manger du pain.

— Tout cela est bel et bon : votre femme est malade, je le déplore ; cependant, si tous agissaient comme vous, que deviendrais-je ? Il faut bien que je vive aussi.

— Oh ! vous !

— Comment, moi ? Je vous donne la huitaine, ou sinon...

Au même instant, un laboureur, gros et court, franchit la porte, la mine dolente. Derrière lui s'avançait la forme majestueuse d'un paysan aisé. Je ne sais ce que ce magnifique créancier eût pu devenir, ainsi qu'il le redoutait, mais il était devenu, jusqu'à cette heure, un modèle de santé enviable et florissante. Il venait derrière le paysan, comme s'il eût voulu le pousser dehors par les épaules, puis il rentra.

L'autre m'entretient de ses doléances. Je devine qu'il me prend pour un personnage influent, et qu'il cherche un appui auprès de moi. Flatté, je l'écoute avec complaisance et bonhomie.

— Qui est-ce, ton créancier ? lui dis-je, après qu'il a fini.

— L'alcade.

— L'alcade ? Ne parlons plus de ça, mon ami. Entre l'arbre et l'écorce je ne mettrai pas mon doigt. Tu as raison, puisque tu te plains ; il a raison, puisqu'il est mécontent. Je ne puis rien pour toi, je suis brouillé avec tous les alcades du royaume. Voici du vin, bois un coup, bois-en deux, et que le vin, te donnant une heure d'ivresse, te procure une heure d'oubli !

Je reçois ses bénédictions, et je lance mon mulet au galop avec mes gens derrière moi.

L'aspect du pays change encore. Les collines se relèvent ; quelques villages à leurs sommets, des châteaux semblables à des forteresses, attirent l'attention par leurs teintes blanchâtres sur le ciel cru. Les vallées se creusent ; leurs versants sont ombragés d'arbres à fruits, pommiers et poiriers, productions regrettées de mon pays. L'illusion est d'autant plus grande que, pour la première fois depuis les Pyrénées, je constate des clôtures aux propriétés et des murs en pierres sèches rayant les coteaux. Un progrès agricole relatif se manifeste à la frontière. Cette frontière est là, à deux portées de fusil, dans le lit même du Duero, qui baigne de ses eaux rapides la longue colline que nous montons avant d'atteindre Vilvestre, vieille bourgade où Manuel et les autres voyageurs ont reçu la lumière de la vie.

A l'entrée du pueblo, la cavalcade se débande, les adieux sont échangés, et chacun va de son côté. Il y avait trois ans que mon guide n'avait mangé des garbanzos de Vilvestre. Il était heureux de toucher la terre natale et de revoir le vieux clocher ; il distribuait des poignées de main le long des maisons qui bordent le chemin en pente, chemin qu'il appelait simplement la *Calle Grande*. Toutes ces bonnes gens étaient aux portes pour examiner l'étranger.

Une femme âgée s'élance de l'une des dernières maisons et vient embrasser Manuel. Je descends de mon mulet. Un vieux paysan s'approche, ôte son bonnet, et, avec un geste noble :

— Veuillez entrer, senor, ma maison est la vôtre.

On me comble de prévenances, d'attentions discrètes. J'étais confondu de tant de dignité dans la politesse, de tant de gravité dans l'empressement, de tant de grandeur dans l'hospitalité, après ce que j'avais supporté d'indifférence dédaigneuse de la part des posaderas de Salamanque à Vilvestre, quoique voyageur payant.

La maison avait un étage, composé de deux chambres. La mère me conduit à la plus belle, et m'engage à me reposer sur un lit fermé par des rideaux de serge verte. Il est quatre heures. Je lui réponds que je ne dors pas la journée. De la croisée j'appelle Manuel.

— Senor?

— Êtes-vous fatigué?

— Non, senor.

Règle générale, les Espagnols ne sont jamais fatigués; ce sont des marcheurs qui valent les Basques, bien qu'ils n'aiment pas à marcher.

— Allons voir le Duero.

Nous descendons par des vergers en talus complantés d'amandiers, de figuiers et de pruniers. En amont et en aval, le fleuve bondit, écume, gronde dans un lit embarrassé de grosses pierres, entre les parois élevées de rochers verticaux. Devant nous, les murs sont rompus sur une longueur de cinquante mètres environ: par cette ouverture, je vois en Portugal une colline allongée toute noire d'oliviers. Les rayons obliques du soleil tracent un sillon d'or dans l'eau d'un vert d'émeraude, se brisent contre les escarpements de pierre et vont s'épandre en douce lumière sur la forêt d'oliviers.

Les deux rives sont surveillées par des postes de douaniers, ici Espagnols, là Portugais. C'est en vain que Manuel veut m'enlever à mon admiration silencieuse pour me faire causer avec un douanier, je ne l'écoute pas.

Une femme à la jupe d'un rouge éclatant vient à nous des montagnes du Portugal, elle suit les détours d'un sentier qui descend de la forêt au bord du fleuve.

Manuel m'avertit que le douanier est sergent.

— Chez les fils de France, Manuel, jamais un pantalon bleu, fût-il d'un capitaine, ne prévaudra contre un jupon rouge ou blanc.

Cette apparition de femme en costume écarlate, au milieu d'un décor splendide, me transporte en pleine scène féerique, au moment où la prima donna va chanter son grand morceau au ténor grimé en gabelou portugais.

Manuel revient, froissé, me dire qu'il ne comprend pas mon indifférence envers un homme aussi distingué que le sergent. Imaginez un astronome, dont l'œil est occupé à poursuivre dans les champs du ciel la planète de ses rêves, et qu'un fâcheux secoue par la manche.

La prima donna fait un signe, un batelier paraît; il met à flot une barque amarrée aux racines d'un saule, elle y monte et débarque près de nous, sur le sable fin de la rive espagnole. Illusion des sens! Éléonore ou Valentine ne chante pas, elle a quarante ans, elle est laide et n'a jamais joué que le rôle de ménagère sur la scène de la vie.

Je rejoins enfin mon guide et le douanier, joli garçon de trente ans, au teint olivâtre. Je dis à ce dernier ;

— Vous fumez ?

— Parbleu !

— Voulez-vous accepter ce paquet de cigarettes ?

— Oui, merci. Vous êtes Français ?

— Oui, Français du nord.

— Il y a près de cinquante ans qu'il n'a pas passé un Français, un étranger, par nos montagnes.

— Le fait est que je suis éloigné des grandes routes.

— Et où allez-vous ?

— Je retourne en France.

— Je ne comprends pas. Vous venez de Salamanque ?

— Oui.

— Mais vous tournez le dos à la France.

— J'y vais par le chemin des écoliers.

— Sans être trop curieux, vous avez des affaires en Portugal ?

— Aucune, je voyage pour voyager.

— Pour votre plaisir ?

— Absolument.

— Drôle de goût ! Je ne suis pas comme vous, je ne fais que des voyages forcés. Tout dérangement m'est odieux ; mon bonheur serait d'être couché toute la journée, de fumer des cigarettes, et, douanier, je ne dois dormir que d'un œil. Est-ce assez ennuyeux ?

Le douanier ajoute sur le ton de la confidence :

— Vous allez à Oporto ?

— Oui.

— Méfiez-vous.

— De quoi.

— Ouvrez l'œil, et le bon.

— Expliquez-vous.

— Je veux dire que vous seriez assassiné d'ici à *la Regoa*, que je n'en serais pas étonné.

— Ah bah! Et Manuel qui ne m'a prévenu!

Aussitôt Manuel s'écrie avec emportement :

— Que dites-vous donc? Ce Monsieur ne risque rien du tout. Je suis allé deux fois à la Regoa, je n'ai pas eu le moindre désagrément. Croyez-vous que je lui conseillerais le voyage s'il y avait du danger?

— Quel chemin avez-vous pris?

— J'ai fait le trajet en bateau.

— C'est différent, vous n'avez rien risqué que de vous noyer.

— J'avoue qu'on peut se noyer.

— Mais vous ne connaissez pas le chemin par terre; pour un étranger, il est dangereux. Qu'avez-vous conseillé à ce Monsieur?

— Je vais l'embarquer à la Fregeneda. Je le confierai à des personnes sûres qui le conduiront à la Regoa; de là d'autres embarcations le mèneront à Oporto. Je sais bien que le chemin par terre est mauvais.

— S'il est mauvais! Écoutez, Monsieur : le pays est, comme vous voyez, très montagneux, mal percé. S'ils sont Espagnols, les scélérats qui ont fait de mauvais coups se réfugient en Portugal; s'ils sont Portugais, ils passent la frontière et viennent chez nous. Traqués, ils n'ont qu'à traverser la frontière, soit d'un côté, soit de l'autre, et les voilà tranquilles; les justices espagnoles et portugaises n'ont pas de pouvoir réciproque d'extradition, de sorte que la ligne neutre est infestée de bandits de la pire espèce. Vous qui ne tenez à aucune famille locale, qui êtes inconnu, étranger, dont nul ne s'inquiète plus que d'une cigarette fumée, il n'y aurait pas un alcalde qui se dérangerait pour ouvrir une enquête si vous étiez tué.

— En Espagne, si, riposta Manuel.

— De notre côté, c'est possible, mais en Portugal, je vous en fiche! Voyez-vous, les Portugais, ça ne vaut pas cher.

Ne dirait-on pas, à entendre ces Espagnols parler ainsi de leurs voisins de l'Ouest, que leurs compatriotes sont tous de petits saints incapables de saigner un poulet sans se trouver mal? Ne dirait-on pas, Seigneur, qu'en Espagne, la propriété et la vie humaine sont tellement respectées, que personne ne touche à celle-ci et n'attente à celle-là? Ne dirait-on pas, grand Dieu vivant, que les infractions aux cinquième et septième commandements se bornent, dans cette Arcadie, à des espiégleries de collégiens qui se volent leurs billes et abrègent les jours de leurs maîtres par leurs désobéissances?

— Je partirai par eau, dis-je pour conclure.

— C'est prudent.

— Je vous remercie, adieu.

— Que pensez-vous, Manuel, des appréhensions de votre ami? demandé-je à mon guide en remontant le vallon ombragé.

— Je les approuve, mais je vous ai toujours proposé l'embarcation ; vous le savez, je réponds de vous.

— Quand, assis entre votre père et votre mère, vous avalerez ces chevrotines jaunes qu'on appelle des garbanzos, vous répondrez de moi qui passerai les défilés à dix lieues de vous ! J'admire votre confiance, mais je n'en ai que faire. La croyance au danger est aux voyages ce que le poivre est à la soupe aux choux, elle leur donne du montant. Le sergent vient d'en jeter une pincée dans la mienne; je l'aime, le sergent; vous aviez raison de me présenter à lui. Poursuivons !

Un peu fatigué de la longue course et de la chaude journée, mais content de ma visite au Duero, je m'asseois sur un banc, à côté de la porte de la maison de Manuel, et je regarde avec intérêt, du haut en bas de la rue, les ménagères causer, les paysans revenir des champs l'outil sur l'épaule ou aiguillonnant des bœufs accouplés; c'est le bourdonnement et l'animation d'une ruche humaine.

L'Angelus sonne. Un mouvement subit se produit dans la population entière, suivi d'un silence. Les enfants suspendent leurs jeux, les femmes leurs caquetages, les hommes leur marche et leurs travaux, et tous ensemble, têtes nues, avec un élan unanime et touchant, comme s'ils obéissaient à un commandement, dans la rue, dans l'intérieur des maisons, dans les champs, se mettent à genoux et murmurent au Dieu des chrétiens l'oraison dominicale: « Notre Père qui êtes aux Cieux », pendant que la cloche, de sa voix d'airain, continue d'appeler à la prière les travailleurs attardés sur les hauts plateaux ou au fond des vallées. C'est la foi ardente et primitive que je retrouve à la cime d'un coteau perdu.

IV

Avant le jour, le lendemain, Manuel à pied, moi à cheval, nous parcourions les landes clair-semées d'oliviers qui tapissent les sommets et les pentes abruptes de ce pays tourmenté. Il fallait l'œil exercé d'un habitant de la localité pour démêler le sentier tournant autour des abîmes que je soupçonnais dans la nuit. Du fond des précipices noirs, une rumeur formidable, comme de maisons qui s'écroulent, m'assourdissait.

— Tiens-toi bien, disais-je à mon mulet avec une caresse, en écoutant le bruit des cataractes se répercuter en ces lieux sonores.

J'avais une confiance aveugle dans l'expérience de mon guide montagnard, mais je ne vis pas sans plaisir le soleil frapper les crêtes supérieures et les teintes de rose.

Manuel me dit :

— Descendons. Entendez-vous clapoter au-dessous

de nous? C'est une rivière; notre chemin est de l'autre côté.

— Descendons. Je vais commencer par descendre de cheval.

— Ce n'est pas la peine; empoignez votre monture par le cou, faites-lui un collier de vos bras, tenez bon, et laissez agir le mulet à sa guise.

— Vous en êtes sûr?

— Ne craignez rien.

Je n'étais pas lourd, la bête était forte, elle n'avait pas d'autre charge que ma svelte personne et mon sac de voyage. Nous descendons la rampe semée d'éboulis, de pierres roulantes. A chaque instant le mulet glisse de ses pieds de derrière, j'éprouve une secousse; il bute aussi de ses pieds de devant, et c'est plus grave; je crains de passer par-dessus sa tête ou, culbutant avec lui, de rouler dans le torrent. Ce torrent produit le seul bruit qu'on perçoive dans ces solitudes; par le voisinage de son embouchure, à une lieue sur notre droite, il prend les proportions d'une rivière; sa largeur est d'environ quinze mètres. Quel est son nom?

— La *Yelès*, répond Manuel.

Un homme, debout près de la rivière, nous regardait dégringoler et tenait prête une embarcation plate. On se salue dans la demi-obscurité; de quelques coups de de gaffe, le batelier nous transporte à l'autre bord. Je le paie grassement; il me lance un vigoureux *vayan vms con Dios*. Cravatânt de nouveau le mulet avec mes bras, je recommence le jeu de tout-à-l'heure, mais en sens inverse, car la Yelès coule entre deux montagnes escarpées, et le sentier montait à pic. Ce manége dure une demi-heure, après quoi nous abandonnons la ligne verticale pour tourner en spirale. Le trajet n'en était pas moins dangereux, nous côtoyions des profondeurs que le regard avait peine à sonder et dans lesquels un seul faux pas du mulet m'aurait précipité, accident rare à cause de la sûreté du pied des bonnes bêtes. Cependant, un tel accident se produisit une fois à cet endroit même, ce que chemin faisant Manuel me raconta : un cavalier et sa monture, il y avait six mois de cela, avaient été retrouvés morts tous deux dans le ravin.

— Mais pourquoi, dira-t-on, ne pas mettre pied à terre et éviter ainsi un danger absurde ?

— Je ne sais pas.

Nous abordons à un plateau largement ouvert du côté de l'Espagne ; de là, je revois les montagnes de l'Estremadure par-dessus la campagne de Ciudad-Rodrigo. Plus loin, nous tombons sur un chemin qui peut passer pour bon, étant donné l'état des voies et communications de la province. Ce chemin nous mène tantôt en plaine, tantôt en montagne, à la Fregeneda, où nous arrivons vers le milieu du jour. Nous n'avions dans le ventre qu'une trempée au vin ingurgitée longuement à l'ombre d'un figuier et d'une venta hospitalière.

La Fregeneda est un grand village auquel son commerce de céréales a procuré une aisance relative. Il renfermait, ce digne pueblo, un trésor inappréciable pour un Français, une bonne auberge parfaitement outillée, depuis la cuisine jusqu'à l'hôtesse, sa cheville ouvrière.

L'hôtesse et Manuel se connaissaient.

— Je vous amène un voyageur, dit Manuel entrant le premier.

— C'est vous, Manuel, bonjour! s'écria celle-ci; il y a longtemps que je ne vous avais vu.

Je vois une femme de trente à trente-cinq ans, à l'air avenant.

— Ce Monsieur est Français, ajouta Manuel.

Elle agrandit ses yeux curieux, bienveillants, et dit :

— Soyez le bienvenu, Monsieur.

La cuisine, avec ses murs blancs, sa cheminée sérieuse, son grand buffet en face, était une révélation.

— Nous mourons de faim, Madame, m'écriai-je plus gracieux que jamais; faites-nous un bon dîner. Manuel m'a dit que vous en aviez l'habitude, et que l'on ne trouverait pas une cuisinière de votre capacité à vingt lieues à la ronde.

Elle sourit à mon compliment banal.

— Avez-vous une chambre à me donner?

— Montez, Monsieur, vous allez la voir.

La maison formait façade sur une place. Au premier, la chambre qui m'était destinée, propre, garnie d'un lit à rideaux et d'un mobilier reluisant, était à l'unisson de la cuisine.

Après m'avoir fait les honneurs de mon appartement, la bourgeoise dit :

— Avez-vous l'intention de rester longtemps à la Fregeneda ?

— Non, le moins possible. Je vais à Oporto.

— Avec Manuel ?

— Non, Manuel me laisse ici. Mais nous reparlerons du voyage plus tard ; vite à dîner, je vous en prie.

Au haut des cieux, ta demeure dernière, — car tout porte à croire que tu as dit adieu à ce misérable monde,— tu dois penser souvent, Manuel, au dîner que je t'ai payé chez la senora Libarona, et tu dois être content. Quel dîner, dont le garbanzo et le lard rance furent bannis !

Le puchero,

Du chorizo,

Un poulet sauté,

Un quartier de mouton, rôti à la broche, s'il vous plaît (une broche en bois posée sur deux pierres, que l'on retourne toutes les minutes),

Une salade de haricots verts,

Une crême sucrée,

Des fruits,

Du bon vin.

Il n'est pas inutile d'apprendre que la senora Libarona avait été cuisinière de maison bourgeoise à Madrid. La brave femme propageait, en cette terre reculée, les traditions de la bonne auberge, traditions qui, en terre française, vont se perdant tous les jours. L'auberge était une des meilleures conquêtes de la civilisation honnête sur la barbarie. L'hôtel prétentieux se substituant partout à elle est un progrès, soit, mais un progrès rétrograde. Elle donnait, la regrettable auberge, à prix modérés, des repas excellents, à « bouche que veux-tu», et de plus, pour rien, l'accueil affable de l'hôtesse, l'empressement gracieux du sexe domestique, la place d'honneur au clair foyer de la cuisine, en un mot, la vie de famille. Le poêle est venu, il a chassé le feu vivant : tristesse ! Le garçon maussade et pataud est venu, il a chassé la servante accorte. Horreur ! A eux deux, le poêle, vrai poêle mortuaire, et le garçon funèbre vêtu de noir comme un croque-mort, ont porté en terre la gaie hospitalité de nos pères : décadence !

—Ce n'est pas tout ça, mon cher ami, dis-je à Manuel entre la poire et la crème : je ne suis pas d'ici, moi ; par quel moyen vais-je en sortir ?

— Oh ! mon Dieu, très facilement, répliqua Manuel qui, étant un peu ivre, trouvait que tout était pour le mieux dans le meilleur des mondes. Comme j'ai eu l'honneur de vous le dire, vous allez vous embarquer avec des bateliers espagnols qui transportent les récoltes de la Fregeneda à Oporto. Vous naviguez avec eux jusqu'à la Regoa, deux journées de navigation ; à la Regoa, vous prendrez un bateau qui fait un service régulier de voyageurs, et, le soir même, vous arrivez à Oporto. Voilà.

L'hôtesse s'était rapprochée de nous.

— Monsieur veut aller à Oporto en barque ? dit-elle.

— En barque, oui, Madame ; cette manière de voyager est adorable. Depuis que j'ai vu le Duero à Vilvestre, je renoncerais avec peine à mon voyage par eau.

— Mais les départs ne sont pas réguliers ; il y a quelquefois des intervalles de huit, dix jours, entre chaque départ. Les bateliers ne descendent qu'avec un chargement complet. Vous pourriez bien attendre quelques jours, cela dépend ; mon mari s'informera aujourd'hui même.

— Moi, je vais le savoir tout de suite, s'écria Manuel en se levant de table ; je connais un charpentier en bateaux, Sanchez, qui est bien au courant des arrivages et des départs.

Manuel sorti, la femme continue :

— C'est un voyage bien pénible, en compagnie de gens grossiers. Vous serez forcé de coucher à la belle étoile.

— La belle étoile, c'est ma maîtresse.

— Manuel vous a-t-il parlé du Penon?

— Oui.

— C'est un passage très périlleux.

— Je n'en ai pas peur.

— Alors je n'ai plus rien à dire. Que Dieu vous accompagne !

V

Parlons du Penon et de la navigation du haut Duero complétement inconnue à d'autres qu'aux riverains.

Le Duero n'est réellement navigable qu'à partir de la Regoa, au milieu du Portugal, à quinze lieues de son embouchure et à quinze lieues de la frontière espagnole. Au-dessus de la Regoa, il court presque partout, tel que je l'avais vu à Vilvestre, encaissé entre des montagnes, semblable aux gaves des Pyrénées, qui n'ont jamais, au point de vue de la navigation, porté une coquille de noix. Les rapides, les barrages naturels, les chutes d'eau se suivent à des distances très rapprochées et font dans les gorges un bruit d'enfer. A un endroit, qu'on nomme *le Penon* (le gros rocher), il y a une cascade de près de deux mètres de hauteur, si ma mémoire est fidèle.

Il n'aurait pas dû entrer à l'esprit d'une personne douée de quelque raison l'idée d'aventurer une embarcation sur un fleuve qui court après son niveau par des inclinaisons souvent verticales. Mais comment les populations agricoles et riveraines, éloignées des grands centres, privées de chemins, par conséquent de la faculté d'écouler leurs récoltes, pourraient-elles résister à la tentation de profiter de cette voie si économique et si prompte pour aller vers les grands débouchés de l'Océan ?

Donc, nos paysans des rives du Duero, lancés sur le dos du fleuve à la garde de Dieu depuis le territoire de la Fregeneda, se démènent, vont de remous en rapide, de chûte en cataracte, du danger passé au danger futur, et franchissent le Penon, qui les résume en les agrandissant. Heureux qui en réchappe ! Un poteau planté près du Penon reçoit les noms des malheureux péris là dans leurs embarcations brisées ; mais la poursuite du gain, source de bien-être, fait quand même braver la mort. La recherche du bien-être est la plus grande force de l'humanité.

Manuel revient dégrisé et triste. La nouvelle qu'il apportait n'était pas bonne.

— Eh bien ! Manuel ?

— Eh bien ! Monsieur, Sanchez m'a dit que de quelques jours il n'y aurait pas d'expédition.

— Pourquoi, je vous prie ?

— Parce que les blés, s'ils sont récoltés, ne sont pas encore battus : on ne peut embarquer faute de chargements suffisants. Vous pourriez bien attendre une semaine, même davantage.

— Diable ! mais cela ne m'arrange pas du tout. Que voulez-vous que je devienne dans votre pays ? Quand j'aurai battu les montagnes, que faire ? Ce n'est pas que je sois pressé d'arriver chez moi, les affaires qui m'y rappellent ne seront pas compromises par suite du retard de ma présence ; la position qui m'y attend, un autre ne la prendra pas ; la fiancée que je conduirai à l'autel taillera encore longtemps des robes à sa poupée ; je suis libre comme le lézard, désœuvré comme lui ; mais, guide du bon Dieu, que devenir ici ? Appelez Mme Libarona.

L'hôtesse arrive à l'ordre.

— Croyez-vous, Madame, que je suis votre pensionnaire pour une semaine ? Pas de départs !

— Vraiment ! fit-elle d'un ton singulier.

Ce vraiment essayait d'être triste, mais dedans il y avait de la joie comprimée. La bonne femme, malgré qu'elle en eût, montrait le bout de l'oreille de l'écorcheur pointant sous la peau de tout maître d'hôtel.

— Alors, repris-je avec résolution, je continuerai mon voyage en terre ferme ; il n'y a qu'à s'enquérir d'un guide qui me conduise à la Regoa. Pourquoi pas vous, Manuel ?

— Moi ? impossible, répondit vivement Manuel. Il faut que je sois rentré dimanche à Salamanque. Je l'ai promis à ma femme.

— Oh ! votre femme, votre femme, laissez-moi donc tranquille avec votre femme ! Comme si elle n'était pas habituée à vos absences, puisque vous êtes guide de votre métier !

— Et les vieux qui m'attendent ce soir à la maison ! Ils me croiraient noyé dans la Yelès, si je n'arrivais pas à Vilvestre aujourd'hui.

— Sapristi, quelle sollicitude pour un barbon de votre âge ! Voulez-vous, oui ou non ?

— Non, je ne le puis pas, et je ne vais pas tarder à

partir à cause du mauvais passage de la Yelès, que je tiens à effectuer avant la nuit. Mais le maître de la maison serait bien votre homme.

— Non, non, mon mari n'a pas le temps, riposta avec aigreur la senora ; il ne peut s'absenter dans ce moment ; il a du travail aux champs plus qu'il n'en peut faire ; et puis, et puis...

Elle hésitait.

— Et puis quoi ?

— Conduire un étranger à la Regoa, il y a du danger. Ecoutez, Monsieur, vous ne trouverez pas de guides. D'abord, pour qu'il y ait des guides, il faut qu'il y ait des voyageurs, et vous êtes le premier depuis bien des années ; ensuite, les gens du pays qui auraient consenti à vous en servir, parce que chacun aime bien à gagner une bonne somme, ne s'y décideront pas maintenant, par la bonne raison qu'il n'y a pas plus de quinze jours un inconnu a été tué tout près du Castel-Milhor, sur le chemin que vous devez prendre. Vous, un étranger, vous accompagner ! Pas un n'osera. Si j'ai un bon conseil à vous donner, c'est de reprendre le chemin de Ciudad-Rodrigo et d'aller à Lisbonne par Badajoz, ou mieux de retourner à Salamanque.

— Oui, s'écria Manuel avec feu. L'ama a raison, retournons à Salamanque ; de là, tranquillement, vous vous en allez par Valladolid, Burgos et les Pyrénées.

— Ah ! vous croyez que je vais rebrousser ? Vous me prenez pour un autre, je pense ! J'irai à la Regoa à pied, à cheval ou en bateau, mais j'irai. Du reste, je vais moi-même chercher un guide dans le village.

Le maître d'hôtel entra sur ces derniers mots :

— Vous allez à la Regoa et vous voulez un guide ? dit-il très calme ; moi je vous propose de vous y mener.

—Mais moi, je ne veux pas, exclama sa femme d'une voix irritée ; nous ne savons où donner de la tête, et tu prétends t'absenter quatre jours ? Non, non ! Occupe-toi de trouver un guide à Monsieur, qu'il ne faut pas laisser dans l'embarras, mais nous ne pouvons faire plus.

Le pauvre homme courbe la tête et prend le chemin de l'écurie, ce qui prouve que, lorsqu'elle veut s'en donner la peine, la femme est partout la maîtresse.

— Allons, dis-je découragé, trouvez-moi un guide, sinon j'attendrai le départ du premier bateau.

Manuel s'était esquivé ; il revint avec le mulet et me fit ses adieux. Dernier trait d'union entre moi et Salamanque, je le chargeai de mes vœux pour tous mes amis, Catalina en tête. Je donnai une tape amicale à la bonne bête, et tous deux, l'un portant l'autre, reprirent la route de Vilvestre.

VI

Je demeurai six jours à la Fregeneda, faisant bonne chère, choyé par l'hôtesse, choyant l'hôte, et ne parvenant pas à décider celle-ci à me prêter son mari, ni celui-ci à se séparer de sa femme, ni à trouver un autre guide, ni à compter sur un embarquement prochain. J'étais ennuyé.

Le matin, je me promenais par le village et regardais battre le blé à la mode espagnole : un poteau fixé en terre, au centre d'un sol bien battu, en plein air, des bœufs attachés à ce poteau par de longues cordes traçaient des circonférences autour et dépiquaient le blé en le foulant avec leurs pieds.

Après dîner, je grimpais sur la plus haute des collines d'alentour, je m'asseyais à l'ombre d'un rocher coupé droit comme un pan de mur d'où j'avais une vue très-étendue sur le Portugal. Que de projets j'ai ébauchés là, aux magnifiques déclins du soleil, en contemplant les montagnes de l'Ouest, nombreuses, pressées, soulevées comme les vagues d'une mer agitée !

De quelle poésie mon imagination, surexcitée par l'obstacle, embellissait les vallées du pays de l'oranger, mystérieuses sous les vapeurs pourprées du couchant !

Ce furent des journées d'attente, pleines de joies promises et de désirs combattus.

A la fin du cinquième jour, je me frappai brutalement la tête de mon poing fermé, et je dis :

— Cela ne peut pas durer plus longtemps ! Allons trouver l'alcalde.

L'alcalde était à table ; il m'offrit de prendre place, politesse rigoureuse dans toute l'Espagne, en toutes circonstances. Au café même, les consommateurs, dès que vous vous installez à côté d'eux, vous invitent, vous inconnu, à vider le fond de leur tasse ou de leur verre, invitation que vous vous empressez d'ailleurs de décliner. Au café, la politesse est d'offrir, mais la politesse est de refuser. Toutefois, c'est de la fraternité, ou il n'y en a nulle part.

Je n'acceptai que du vin del senor Perès, et pendant qu'il remplissait mon verre je remplissais la cuisine de ma plainte :

— Senor alcalde, pesez mon embarras : une affaire de la plus grande importance m'appelle à Oporto. Je suis attendu dans cette ville, chaque jour de retard me cause un préjudice considérable, et je suis cloué ici. Sur la foi du guide qui m'a amené de Salamanque, je comptais partir pour la Regoa, à cheval, avec un guide ou en bateau ; les guides sont introuvables et les bateaux ne partent pas. Je viens vous demander un conseil. Ne pourriez vous pas me procurer un homme sûr ?

Le maire réfléchit en caressant ses favoris noirs, et répondit :

— Voilà la difficulté. Le meurtre commis près de chez nous il y a quelques jours a jeté la terreur parmi les populations, et vous, étranger, que voulez-vous que je vous dise ? Vous risquez et l'on risque en votre compagnie.

— Mais Libaron, mon posadero, a consenti à me conduire ; sans sa femme, je serais parti le lendemain de mon arrivée.

Un sourire effleura ses lèvres.

— Il vous a proposé...

— Oui.

— Et c'est sa femme qui...

— Sa femme mêmement.

— Venez avec moi.

Durant le trajet, l'alcalde tenta de savoir quelle était l'affaire si grave qui me poussait à Oporto et ne souffrait pas de délai. Mais je rompais devant ses attaques, de façon à lui faire comprendre ceci : je suis obligé d'être discret, imitez ma discrétion ; et dans mes réponses perçait un sous-entendu qui pouvait lui faire croire que j'étais porteur d'un secret d'État pour le moins. Le bonhomme parut pencher pour cette hypothèse, car le ton de son langage se nuança d'une certaine déférence envers moi.

Une sueur froide envahit tout-à-coup ma figure, une pensée affreuse me tordit le cœur : si Manuel a parlé, car il est bavard, Manuel, s'il a dit que non-seulement je n'ai pas d'intérêt sérieux à aller à Oporto plutôt qu'ailleurs, mais que j'étais naguères le......... d'un bourgeois ! Non, Manuel n'aura pas eu le temps de rien dire, et il est trop tard pour reculer.

En rentrant à la posada, je commandai une marquise à l'orange et trois verres, et je demandai à la senora Libarona si son mari était à la maison.

— Oui, Monsieur.

— Dites-lui de venir, je vous prie.

Lorsque nous fûmes attablés tous trois, à boire une boisson exquise (en Espagne on excelle à préparer les boissons rafraîchissantes), el senor Perès entreprit l'aubergiste :

— Voyons, Pedro, ce jeune Monsieur a affaire à Oporto. Quel empêchement s'oppose à le conduire ? Vos travaux ? D'autres s'en chargeront. Il vous paiera généreusement votre course, n'est-ce pas ? Monsieur.

— Parbleu !

Il appela la femme ; il fut éloquent, persuasif ; il fit tant que, par considération pour lui, par compassion pour moi, par intérêt pour eux surtout, le mari et la femme cédèrent et promirent.

Il fut convenu que nous partirions le surlendemain. Je remerciai l'alcalde de tout mon cœur ; il me donna sa bénédiction, et chacun fut se coucher. Le prix débattu était le double de ce qui était alloué ordinairement aux guides ; j'acceptai tout, le coup d'étrille et les mauvaises raisons. J'étais dans une fosse, on me tendait une perche ; allais-je me plaindre des épines qu'elle portait ?

La veille du départ, vers le milieu de la journée, j'entends frapper discrètement à la porte de ma chambre. Je crie : Entrez.

L'hôtesse s'avance un doigt sur les lèvres. Muet moi-même, je me pose en point d'interrogation.

— Ne bougez pas d'ici que je ne vous fasse signe, dit-elle à voix basse, il y va de votre vie.

— Que me dites-vous?

— Ne vous montrez pas. Quatre Portugais, capables de tout, sont en bas; s'ils savaient vos projets, ils iraient se poster en embuscade sur votre route et vous tueraient pour vous dépouiller.

— Je n'ai pas l'intention de sortir. C'est bon.

Je me place debout près de la croisée, j'attends. Au bout d'une heure, je vois sortir les quatre chenapans; ils portaient des vestes courtes, des pantalons, des mouchoirs à carreaux pour coiffures. Ce n'étaient ni la richesse, ni l'élégance du costume espagnol; leurs visages brûlés par le hâle et le soleil ne prouvaient ni mieux, ni pire que ceux des habitants du pays.

La senora Libarona vient me relever de ma consigne; elle me raconte qu'ils sont contrebandiers par état et voleurs par vocation, que deux d'entre eux sont signalés comme assassins.

— Pourquoi ne les arrête-t-on pas?

— On aurait trop à faire, ils se soutiennent tous. Autrefois, il n'y a pas encore bien longtemps, ils s'emparaient d'un château et soutenaient des siéges en règle contre les troupes envoyées des villes pour les réduire.

Les moustiques, engeance jusque-là inconnue, coupèrent de réveils désagréables le dernier sommeil que je dormis en terre espagnole.

Trois heures du matin. Un mulet chargé et bridé est à la porte, les voyageurs équipés boivent ensemble le coup de l'étrier. Pedro a une carabine en sautoir et me demande si je suis armé ?

— Oui, j'ai deux pistolets à la ceinture.

— Bien. En route !

Je saute à cheval, nous nous éloignons rapidement du village. Ma monture était ardente, son maître Pedro ne lui cédait pas en vigueur et en énergie; c'était un homme de quarante ans, taciturne autant que Manuel était loquace, et aussi serviable que lui.

Le chemin se développait à la faible lueur, propice aux traitres attaques, du croissant de la lune. On pourrait croire que j'étais préoccupé, inquiet, que je jetais des regards craintifs à chaque buisson qu'il fallait dépasser ? Non. Je savais bien que rien n'était plus commode que de m'attendre derrière un laurier-rose ou un rocher, et de me fusiller à bout portant. J'y pensais, sans ennui.

Un murmure d'eaux vives nous avertit du voisinage d'une rivière. Est-ce le Duero ? Non, c'est la *Agueda*, qui, coulant du Midi au Nord, va se perdre au Duero, à une demi-lieue de là. Le fleuve descend du Nord, reçoit les eaux de la Agueda et, tournant à angle droit, perce à l'Ouest, divisant en deux le Portugal. Je le vois courir entre une falaise de rochers brunis et une grève de sable blanchissant sous les premiers feux de l'aurore. Par une rampe adoucie, nous arrivons au bord de la Agueda, à la limite extrême de l'Espagne. Pedro monte en croupe, et tous deux les genoux repliés, le mulet dans l'eau jusqu'au poitrail, nous passons de l'autre côté. Nous sommes en Portugal.

VII

La route se dirige en plaine vers le pueblo de Castel-Milhor, qui réjouit de ses maisons blanches le fond de la perspective; des bois sombres d'oliviers contrastent avec le feuillage pâle des amandiers groupés au penchant des collines; à la lisière de la région des bruyères, des châtaigniers robustes étendent leurs branches sur les champs moissonnés; le soleil, comme un ballon en feu poussé par le vent d'Est, s'élève au-dessus des derniers contre-forts de la frontière espagnole et verse dans la vallée des flots de lumière dorée. C'est l'heure par excellence de la perception exquise des choses extérieures. Des sensations toutes neuves arrivent au cerveau reposé; les narines aspirent délicieusement les effluves fraîches du matin, bienfait du rayonnement nocturne; le cœur se dilate à l'air pur, le regard fait des découvertes, l'âme sourit à la beauté recueillie du monde réveillé; tous les sens sont ravis. Ce serait dommage qu'un coup de fusil vînt à abattre le voyageur comme une hirondelle, dans un coin ignoré du Portugal.

Si mes dernières minutes sont comptées, elles m'auront tenu lieu du cantique des cantiques chanté par les anges au pied du trône de l'Éternel; mais rien ne donne à penser qu'une mort violente m'est réservée; il n'y a qu'à observer la démarche dégagée du guide et la physionomie bonasse des paysans rencontrés, qui nous saluent les premiers, pour se persuader qu'on est en contrée paisible. A notre passage à Castel-Milhor, un des rares villages aisés de la frontière, Pedro cause avec l'un, avec l'autre, et la curiosité discrète que je remarque envers moi n'est point hostile.

Castel-Milhor a disparu. Pedro prend le mulet par la bride et l'engage, à droite, dans le lit d'un torrent complétement desséché; nous montons par les trous, le sable, les cailloux, les grandes pierres, au risque de nous rompre le cou. Après une demi-heure de ce pénible trajet, nous abordons de vastes pâturages dont les croupes de ces montagnes sont revêtues, pâturages croisés en tous sens par une multitude de sentiers de moutons, à travers lesquels le guide démêlait facilement son chemin. Le voyage devient intéressant. Perdu dans les ravins, reparaissant sur les éminences, penché en avant aux montées, penché en arrière aux descentes, mon regard embrassait tantôt un horizon de dix pieds, tantôt un horizon de dix lieues. Nous dominions alors la vallée du Duero, qui prend le nom de Douro à son entrée en Portugal. Notons au Midi la sierra majeure d'Estrella, le château-fort de Castel-Rodrigo, plus près un ermitage sur une cime élancée; au nord, le Douro, qui brille par intervalles comme une série de lacs bleus; de toutes parts des vallées profondes, des montagnes étagées. Point de maisons ni de cultures, une contrée sauvage, un silence sévère, troublé de temps à autre par le cri d'un milan.

— Si nous déjeunions, Pedro ?

— Déjeunons, Monsieur.

Je descends du mulet, je m'assieds sur l'herbe à la manière des tailleurs. Avant de préparer les harnais de gueule, le guide se débarrasse, près de moi, de son fusil ; j'y jette un coup d'œil.

— Ami Pedro, dis-je en souriant, votre arme ne nous serait pas d'un grand secours en cas d'attaque. Vous tenez sans doute de votre aïeul ce meuble de famille ?

— Mon fusil est vieux, mais il tue encore un lièvre à quatre-vingts pas.

— Il ne m'inspire pas beaucoup de confiance.

Je n'eus pas plutôt prononcé ce mot de confiance qu'une idée nouvelle vint se greffer sur l'idée qu'il exprimait, et comme un jet de lumière qui illumine une situation, d'un seul coup elle me révéla tout.

Je payai cher l'enivrement de la première heure du jour. Mes sourcils se froncèrent, mes mains tremblèrent, je mangeai gloutonnement, je bus à grands coups. Incapable de me contenir plus longtemps, je dis à Pedro avec un rire de Satan humilié :

— Et nos assassins, où sont-ils ? Je n'ai pas aperçu l'ombre d'un seul.

— Si vous les aviez vus, vous ne pourriez en parler, car vous seriez mort.

— Quelle atroce blague ! Vous êtes un fameux farceur.

Pedro cesse de manger, cambre son torse, met se yeux dans les miens, et avec une intonation que j n'oublierai jamais, ces paroles sortent d'entre ses lèvre blanches de colère :

— Je suis un farceur, dites ?

— Oh ! ne vous emportez pas, n'étant guère familia risé avec votre langue, terme d'amitié, ami, terme d'af fection.

— C'est différent.

Bigre ! Il entend mal la plaisanterie, celui-là ! Modé rons-nous. Il m'abandonnerait sur la lande sans plu de cérémonie que pour un chien galeux qu'on veu égarer. C'est égal, c'est un farceur ; sa femme, un grande farceuse ; l'alcalde, Manuel, le douanier, tou farceurs. Manuel m'a joué, le douanier s'est moqué d moi, l'alcalde a ri de ma crédulité ; les Libaron, mâl et femelle, m'ont fait chanter. Je suis la victime d'un mystification, qui part de Vilvestre et aboutit à la Regoa Manuel en est le machiniste. Plus spirituel que je ne l croyais, ce Manuel ! Des voleurs, des brigands meur-triers, pas plus que dans mon pueblo! Quels rires en ce moment à la Fregeneda, à Castel-Milhor ! J'en pleure-rais ! Le guide les distribue le long de la route, enve-loppés dans l'histoire du Français et de ses assassins présumés. Lorsqu'on saura à la Fregeneda que Libaron a emporté son vénérable mousquet, il y aura des rates malades. Et dire que, suivant le conseil de mon infer-nale hôtesse, je me suis caché hier de peur d'être re-marqué des quatre contrebandiers, honnêtes gens qui seraient effrayés de me trouver en montagne déserte, car j'ai l'air plus bandit qu'eux ! Nom de nom de nom de nom, faut-il être jobard !

Le déjeuner s'acheva silencieux. Pedro, fier d'être monté à la considération de farceur, c'est-à-dire d'ami, avait repris sa sérénité muette. J'étais muet aussi, mais la sérénité avait fui. L'orage que la vue de son fusil avait amassé en moi, et que la prudence me commandait de refouler dans ma gorge, y grondait sourdement. Oh ! ce fusil à pierre ! Je n'en pouvais supporter le profil à mes côtés, et je meurtrissais de mes talons le ventre du mulet, afin de ne pas être devancé par son maître.

Une venta à un étage paraît au bord d'un chemin ; de sa galerie de bois, je me régale du spectacle de deux drôles, dont l'un a au moins dix ans d'âge, entièrement nus et bronzés, luttant sur le fumier de la cour : puérile image des jeux olympiques ! La maîtresse du logis demande à voix basse, au guide, qui je suis ; je n'entends pas la réponse, mais je m'aperçois, à la transformation du visage de la femme, que je suis l'objet d'une curiosité extraordinaire de sa part. Mon guide me ferait-il passer maintenant pour un chef de brigands ? L'ama s'avance et me présente une écuelle de lait :

— Senor, dit-elle d'une voix émue et douce, vous êtes Français, votre nationalité me ramène à mon enfance bien lointaine ! Je suis de Villarès ; toute petite, au temps des guerres de Napoléon, j'ai vu bien souvent les soldats de votre nation et des soldats anglais. Depuis cette époque, aucun étranger n'avait pénétré dans notre pays.

— Je parie qu'ils étaient gais, mes compatriotes ?

— Oui, gais et en pantalons rouges, je ne me rappelle pas trop.

— Ceux d'aujourd'hui n'ont pas dégénéré. Êtes-vous gais par ici ?

— Quand on est jeune, toujours ; quand on est vieux, misère !

— C'est bien comme chez nous, pauvre femme ! Adieu.

A deux cents pas de la venta, je vois avec étonnement le guide s'arrêter et se mettre à genoux en face d'une petite croix plantée, grossièrement taillée, haute d'un pied et noircie par le temps. Je me découvre. Pedro prie.

— Un meurtre, Pedro ?

— Oui, Monsieur. Devant et derrière nous, j'en connais d'autres ; on appelle ces croix : *las cruces de las almas* (les croix des âmes).

Un peu plus loin, une autre croix, puis une autre, puis une autre, puis deux réunies, puis une autre ; leur couleur, variant du gris au noir, indique les époques plus ou moins récentes des morts inattendues. En présence de chaque témoignage de meurtre, nous faisons une *station de la croix* dans la voie lugubre de l'assassinat.

De croix en croix, je redresse mon jugement irréfléchi de tout à l'heure. Pedro a été prudent d'emporter son fusil ; il sait ce qu'il fait ; il est sérieux, j'aime cela d'un guide. Son fusil aussi, quoique légèrement ridicule, est sérieux ; il tue un lièvre à quatre-vingts pas. Ce n'est pas le lièvre tué qui soutiendra qu'il n'a pas une portée sérieuse, ce fusil ridicule! C'est une infamie! Vieux, archi-vieux, mais bon. Moi aussi j'ai deux bons pistolets!

La contrée dans laquelle nous sommes entrés est moins heurtée; elle est formée de coteaux cultivés et de landes, des chemins la sillonnent, l'on entend de très loin l'horrible grincement des roues pleines des chars qui tournent sur leurs essieux. Nous passons une autre rivière à gué, la Coa; par une chaleur de fournaise, dont du reste je n'étais plus incommodé, nous montons des collines couvertes de champs et de bruyères. Les amandiers et les figuiers déroulent leurs branches au-dessus de nos têtes, je n'ai qu'à lever les bras pour cueillir leurs fruits.

Un pueblo, Freixo, propre, bien bâti, pourvu d'une fontaine avec son bassin; c'est un signe de progrès sans précédent jusque-là.

Un autre signe de progrès, détestable à mon avis, c'est l'absence d'originalité du costume simple des habitants. Je ne retrouve pas là l'élégance espagnole. La mode exercerait-elle déjà son action dissolvante sur les populations des rives du Douro?

Pedro est reçu à la posada en ami. Une conversation animée s'engage entre l'hôtesse et lui. Que peuvent-ils se dire? Je m'approche.

— Qu'est-ce qu'il y a?

— Deux colporteurs, le père et le fils, ont été assassinés hier, à une demi-lieue, sur notre route.

— A quelle heure?

— Hier soir, à cinq heures; on les a enterrés ce matin dans le cimetière de la commune.

— Les pauvres gens! Le père était-il vieux ?

— Il avait cinquante ans, le fils dix-sept, répond la femme, en portugais que Pedro me traduit.

— Étaient-ils du pays ?

— De la province de *Tras os Montès*, mais établis depuis quinze ans à Torre de Moncorvo. Pauvre Nicodemo, un bien brave homme, toujours de bonne humeur ! Il m'a vendu, il n'y a pas deux semaines, du fil et des aiguilles. Qui aurait pensé qu'il était si près de sa fin !

— Et les assassins, s'occupe-t-on de les poursuivre ?

— Oh ! ils ne sont pas d'ici et sont déjà passés en Espagne. Que voulez-vous qu'on fasse ? On se lamente un moment, ensuite on n'y pense plus.

— Alors nous n'avons plus rien à craindre ; s'ils sont en Espagne, nous pouvons continuer. Qu'en dites-vous, Pedro ?

— Je crois, comme vous, qu'on n'osera pas recommencer à un jour d'intervalle ; n'importe, je voudrais bien être de retour au pueblo.

— A la garde de Dieu ! Reposons-nous et goûtons.

Nos provisions nous réconfortent, deux pots de vin nous désaltèrent ; nous repartons gaillards.

L'événement de la veille a eu lieu au bas d'une terre ombragée de châtaigniers, à un coude du chemin. L'assassin, ou les assassins, caché derrière le revêtement d'un fossé, a guetté les voyageurs ; deux coups de feu les ont rayés du nombre des vivants. Deux croix en bois blanc, toutes neuves, éclairent lugubrement la terre brune.

Ces surprises sont affreuses. La mort est la compagne de la vie, nous le savons tous ; chacun porte avec ses idées courantes l'idée de la mort, prochaine ou lointaine suivant la quantité d'avenir qu'il suppose être son lot. Avant la bataille, le soldat l'accepte comme une menace ; le marin sur la mer, le malade au lit l'envisagent comme une éventualité possible. Mais mourir dans un guet-apens, l'esprit occupé de pensées et de projets paisibles, agoniser en vue de son foyer! Destin tu es terrible !

Je dis au guide agenouillé :

— Dites donc, Pedro, si, avançant notre départ d'un jour, nous avions passé ici avant les colporteurs.....

— Ils nous ont sauvés : prions pour le repos de leurs âmes !

Je fais un aveu, vraisemblablement le dernier de ma confession déjà bien longue. On vient de voir que je n'ai pas marchandé les compliments de condoléance à la mémoire de Nicodemo et de son fils ; en vérité, je les plaignais beaucoup, mais j'étais encore plus réjoui de mon bonheur que chagrin de leur infortune. J'étais sorti épargné d'un combat contre la fatalité où ils avaient péri ; ils étaient morts, j'étais vivant : *to be or not to be.* Ils reposaient couchés sur leurs omoplates, les yeux clos, les membres raidis, dans la nuit éternelle du sous-sol ; sur terre, ils n'étaient plus que souvenirs d'ombres, chimères, réalités retournées au néant, tandis que je me tenais, de ma personne, perpendiculaire à l'horizon sur lequel flamboyait le soleil du soir et que mon contentement visible attestait en moi le jeu régulier de la vie. Mon égoïsme, j'en demande pardon aux mânes des victimes, avait quelque chose de triomphant.

Des indices d'une flore nouvelle apparaissent. Des chênes-liége, des chênes verts, des arbousiers, des caroubiers sont mélangés aux châtaigniers et aux chênes ordinaires. Ma curiosité était satisfaite au milieu des productions inconnues, mais le Douro, tour à tour visible et invisible, l'attirait par-dessus tout.

La nuit était proche, nous montions une rampe de terrains en friche découverte du côté de l'est. Je dis à Pedro :

— Reverrai-je l'Espagne demain matin ?

— Non, senor, nous descendrons au Douro. Vous ne la reverrez plus.

— Arrêtons-nous une minute.

Je me retournai.

— Où est la position de la Fregeneda ?

— Derrière ces montagnes, les plus éloignées.

Une lueur d'un rose tendre, dernier sourire du jour, était posée sur les collines d'où la veille j'avais contemplé les vallées du Portugal, maintenant dépassées. Que d'événements tiennent dans un coup d'œil rétrospectif, à l'heure de l'irrévocable adieu ! Mon séjour en Espagne, de la Bidassoa à la Agueda, me revint tout entier, éclairé par cette lumière lointaine, indécise, presque idéale, comme par une clarté de songe, la seule impression qui m'en soit restée. C'est un songe, rien de plus qu'un songe, comme toute aventure passée.

Nous entrons à San-Joao de Pesqueira, qui marque

la limite de deux pays bien distincts. En effet, de la posada, je remarque, à la clarté du crépuscule, des maisons de campagne et des prés fauchés, clos de haies comme dans les riches campagnes de la France. Notre laborieuse journée est finie ; elle compte dix-huit heures de marche en montagne, par des sentiers souvent pénibles, souvent sans traces faites.

— Vous êtes un rude homme, dis-je au guide en manière de remerciement, et vous avez une rude bête !

Si je n'étais pas arrivé si tard à Pesqueira, j'aurais appris le soir même la cause de la richesse de son territoire en maisons confortables, prés et jardins. Les vignobles d'où sort le vin célèbre de *Porto* couvrent les coteaux que nous traversions dès la pointe du jour. J'admirai l'aspect nouveau de vignes plantées dans des terrains inclinés, soutenus par des terrasses en pierre sèche, en retraite les unes des autres, pareilles aux gradins d'amphithéâtres ; des bosquets d'arbres fruitiers ombrageaient le bas des collines, et notre chemin, et les maisons blanches près du chemin. Mais voici des arbres à la feuille ferme et lustrée, aux pommes d'or : comme les autres sont ternes à côté d'eux !

— Il est défendu d'y toucher ? demandai-je à Pedro, le regard ardent de convoitise.

Pour toute réponse, Pedro attrappe un fruit et me l'offre. Je n'en fais qu'une bouchée ; puis, sans descendre du mulet, je remplis mes poches de ces adorables fruits, savoureux, parfumés, énormes, dont la renommée s'étend dans le monde entier et qui s'appellent les oranges de Portugal.

Nous passons par plusieurs riches villages entourés d'une admirable végétation, nous nous rapprochons du Douro par un chemin qu'on jurerait être le résultat d'une gageure. Il a une bonne demi-lieue de longueur; pourtant c'est un vrai escalier, certaines de ses marches ont près d'un mètre de hauteur. Bon mulet, qui ne te brisas pas une jambe, tu étais né pour sauter dans un cirque! Telle est, ou plutôt telle était la variété des routes en Portugal.

Ce casse-cou aboutit au Douro. Je ne me plaindrai plus des chemins : il n'y a plus que la grève à suivre, sur du sable et des galets. De conserve avec le courant du fleuve encaissé, nous marchons dans une atmosphère de feu, exposés à la fois aux rayons solaires directs et aux rayons réfractés par la blancheur vitreuse des sables. Vers midi, mes yeux brûlent, mes tempes battent. Pedro, haletant et ruisselant de sueur, m'encourage. Après trois heures de ce supplice, nous voyons blanchir au-delà de la rive droite, au pied de coteaux verts, les maisons de la petite ville de la Regoa. Un bateau plat se détache d'un quai de maçonnerie, et nous traverse. J'ai secoué ma torpeur, je regarde autour de moi : je ne vois qu'orangers, figuiers, villas à demi-cachées sous les ombrages, un rêve! Ce que la rage d'un soleil torride n'avait pu obtenir sur les landes de l'Espagne et du Portugal, elle l'avait accompli avec le concours de la grève nue du Douro : j'étais vaincu.

Aussitôt que mon guide m'eût mené à une auberge, je m'empressai de lui donner à la fois une poignée de main, une poignée de douros; et, sourd aux propositions de dîner qui me furent adressées en langue portugaise, je demandai en langue castillane une chambre, un pot à eau et un verre ; on me conduisit au fond de la cuisine, dans une alcôve vitrée. Tout habillé, je me jetai sur le lit, et de cinq minutes en cinq minutes, toute la soirée, une partie de la nuit, je buvais une gorgée d'eau.

Au matin, j'étais réparé de toutes pièces et prêt à embarquer. Alerte, joyeux, portant d'une main mon sac de voyage, de l'autre un panier qui contenait un poulet, du pain, du vin, des oranges, des figues, je saute dans l'embarcation, grosse barque couverte d'une tente et de capacité à contenir douze voyageurs placés vis-à-vis. Nous ne sommes que cinq passagers : deux hommes du peuple, une femme, sa fille et moi. Un batelier, n'ayant pour tout vêtement qu'un tricot de coton sans manches, un jupon de toile étroit s'arrêtant aux genoux, prend la barre du gouvernail. Quatre autres marins se placent sur deux rangs, à l'avant, et plongent leurs rames dans l'eau ; nous nous éloignons du joli bourg de la Regoa, où tout est joies et parfums, mais où je ne distingue nettement que la halte d'un voyageur anéanti dans l'ombre d'une alcôve.

VIII

J'abrége.

De toutes les façons de voyager, la navigation à la descente d'un cours d'eau est la plus agréable. Les paysages semblent défiler devant vos yeux pendant qu'assis ou couché les ondulations du courant vous bercent. Les manœuvres des bateliers sont secondées par le flot, on descend sans lutte, sans fatigue. Pour moi, après les secousses du précédent voyage, celui-ci ne fut qu'un enchantement continuel, de cinq heures du matin à neuf heures du soir.

Elargi à la Regoa, le Douro passe plus loin étranglé entre des hauteurs boisées, dont il mord furieusement la base de rochers granitiques. Bien avant de nous engouffrer dans l'étroit défilé, je vois les flots tumultueux présenter l'image d'un lac agité par le vent. Le rapide nous attire à lui, le jour s'assombrit, nous n'avons plus au-dessus de nos têtes qu'une bande de ciel ; secouée en tous sens par le bouillonnement des vagues qui nous crachent au visage, la barque fuit avec une vitesse vertigineuse. Puis les collines reculent un moment, le jour renaît éclatant, la lumière fait scintiller les ondes. Ces tempêtes et ces accalmies, se succédant par une matinée admirable, ajoutent un attrait extraordinaire au plaisir de la navigation fluviale.

Par instants, le rideau des collines drapées de pampres et de prairies s'ouvre : l'on aperçoit de charmants hameaux groupés aux abords du fleuve et les embouchures de plusieurs rivières qui viennent se perdre dans son sein. Je m'en vais ainsi à l'Océan, charmé par le bruit des rames qui frappent l'eau en cadence et par les chansons que les matelots lancent à toute volée dans les airs. Les échos du fleuve retentissent, les mélodies portugaises se répercutent de l'une à l'autre rive.

Jusqu'à Oporto, les coteaux maintiennent leurs lignes à peine abaissées. Il était nuit quand nous accostâmes.

Une semaine consacrée à visiter la très belle ville d'Oporto, à revoir le Douro, qui, de son long voyage, m'apportait peut-être, sur son courant d'eau pure, le reflet conservé des paysages de l'Espagne ; à regarder à son embouchure le flot marin déferler sur la plage, c'était assez pour un domestique remercié. Un soir, à quatre heures, la *Lusitania*, steamer chargé du service de la poste entre Oporto et Lisbonne, me reçut à son bord. Le pilote nous conduisit hors des passes dangereuses, et le vapeur tourna sa proue vers le Sud.

Je ne dormis pas la première nuit que je passai en mer, captivé par la nouveauté des bruits, la marche du navire, la majesté de l'Océan voilé, et, le matin, par la vue de la plaine d'eau infinie, de la côte parsemée de villages.

Franchissons la barre, remontons le Tage. Deux forts placés en regard, sur deux éminences, en défendent l'entrée. A gauche, au fond de la baie immense, Lisbonne déployant sa robe blanche sur sept collines, entre l'eau verte et le ciel bleu. Les phares sur rochers, les vieilles églises, les villages descendant en terrasses au niveau du fleuve profond, les pavillons flottant aux mâts des navires, la terre parée, concourent à un effet d'harmonie indescriptible.

Avant de quitter mon pays, un compatriote très obligeant m'avait recommandé par une lettre, dont j'étais porteur, à un de ses parents qui occupait à Lisbonne une haute position officielle. M. R... m'accueillit comme si j'eusse été son fils; l'agrément de mon séjour à Lisbonne s'accrut du charme de mes relations avec lui.

Je restai quinze jours dans la capitale du Portugal, visitant la ville, ses environs, Mafra Cintra, qui sont des paradis terrestres! C'était beaucoup pour un domestique sur le pavé. Un matin, je pris passage à bord d'un steamer français, la *Ville de Paris*. Nous étions deux Français et deux cents Espagnols, maçons et charpentiers, qui allaient à Vigo. Je dis adieu à Lisbonne, et nous débouquâmes dans l'Océan.

Les Espagnols chantaient des airs de leur nation.

— Chantez, mes petits, leur disaient les matelots en bon français, chantez! Quand le sabot aura dansé un instant, vous chanterez une autre chanson!

Prédiction toujours infaillible!

Le petit vapeur, secoué par un fort tangage, roulait sur les longues lames de l'Atlantique; parfois son mât de beaupré piquait dans l'eau. Peu à peu, les chansons s'éteignirent les unes après les autres. Parmi les passagers, le teint des plus colorés passa du rouge vif au blanc pâle, et du blanc au vert. Une mélancolie indéfinissable s'empara de cette foule naguère si joyeuse ; la même peine *de cœur* affligea les physionomies bouleversées des Espagnols, jeunes et vieux ; les uns s'assirent, les autres se couchèrent ; puis les bienveillants matelots mirent à leur portée des récipients, sur lesquels se courbèrent, à qui mieux mieux, les pauvres malades transformés pour quelques heures en véritables calices d'amertume, vivants, pleins jusqu'aux bords.

Je passais au milieu d'eux, inattaquable au mal de mer, souriant, impassible, triomphant, tenant en pitié hautaine les infortunés. Mais un vent violent vint à souffler du large et rabattit ma superbe, car les déjections des malades ne furent pas toutes soumises aux lois de la pesanteur....... Partout où je me réfugiais, j'étais atteint. Il me prit une colère noire contre les Espagnols, contre le vent, contre les gens du navire, contre la mer et le ciel ! Certes, ce n'était pas le moment de chanter la barcarolle :

« Partons, la mer est belle ! »

Le Français, ingénieur civil et passager de l'arrière, qui voyait mes évolutions, me dit à demi-voix lorsque je vins à passer au-dessous de lui :

— Je vous plains, Monsieur.

Je lui lançai un regard furieux, un sourire aimable, et je lui répondis :

— Les plus à plaindre ne sont pas les plus malades.

Il reprit en riant :

— Montez donc ici, vous serez à l'abri.

— Mais le règlement ?

— Je m'en charge.

Je m'épongeai et le rejoignis.

La conversation commença pas des banalités sur la mer, les voyages ; ensuite, un mot à double entente, jeté comme question au début d'un sujet, devint le pivot sur lequel roula un dialogue entièrement composé de quiproquos que l'interlocuteur, mis sur la sellette, aurait pu prolonger davantage :

Lui. — Vous avez servi, Monsieur ?

Moi (étourdiment). — Oui, Monsieur. (A part.) Je me suis enferré, mes joues brûlent.

Lui — Je l'ai deviné tout de suite. Vous avez le type militaire.

Moi. — On me l'a toujours dit.

Lui. — Dans quel régiment avez-vous servi ?

Moi (avec embarras.) — Dans l'administration.

Lui. — Alors vous n'avez jamais été au feu ?

Moi. — Non (au feu de la cuisine, si).

Lui. -- Comme officier, sans doute ?

Moi. — Oui (à l'office).

Lui. — Et vous avez quitté le service ?

Moi. — Un coup de tête.

Lui. — Tant pis ! vous êtes jeune, vous auriez pu arriver haut.

Moi. — Loin peut-être, haut, non ; que voulez-vous ? le métier m'ennuyait.

Lui. — Vous êtes difficile, c'est un état très honorable.

Moi. — Vous croyez? Si vous y aviez passé! obéir, avoir des maîtres.

Lui. — Des chefs, non des maîtres.

Moi. — Pour moi c'étaient des maîtres.

Lui. — Et la considération qui s'attache à l'uniforme?

Moi. — Minime, à mon point de vue.

Lui. — Le premier jour que l'on revêt l'uniforme d'officier, il me semble.....

Moi. — Je me suis grisé ce jour-là.

Lui. — Vous voyez bien!

Moi. — Je vous demande pardon, Monsieur, mais je vois un Espagnol se coucher sur ma couverture, cela m'inquiète.

Oublions les premiers désagréments de la navigation, et jouissons. Les souffleurs plongent à l'avant du navire, les marsouins soulèvent au-dessus de l'eau leurs dos bruns, les goëlands jettent en passant des cris rauques, et les hirondelles de mer, posées sur les lames, se balancent au gré de la houle. A deux portées de canon, la mer trace sur le littoral des baies et des promontoires où le flot frangé d'écume blanche se brise avec un bruit qui nous arrive comme un vague murmure.

La nuit vint interrompre ma contemplation, en dérobant la terre à ma vue. Les passagers de première et de deuxième classe gagnèrent chacun leurs cabines. Passager de troisième classe, il m'était défendu de descendre dans les salles, excepté aux heures des repas; pour lit je n'avais droit qu'au plancher du pont, pour plafond qu'à la voûte étoilée; encore le plancher me fut accordé avec tant de parcimonie à cause de l'encombrement des Espagnols couvrant de leurs corps vautrés tout l'espace compris entre l'avant et l'arrière, que je dormis cette première nuit sur une barrique d'eau amarrée à tribord.

Pendant toute la journée du lendemain, nous naviguâmes en vue des côtes du Portugal. Une heure avant la nuit, nous jetions l'ancre dans la baie de Vigo, en territoire espagnol. Je résume la description de la baie de Vigo par ce seul mot, qui vient en aide à ma lassitude : Magnifique !

Les deux heures que nous passâmes à Vigo furent employées utilement à décharger la cargaison d'Espagnols ; alors je fus maître à bord après Dieu, le capitaine et l'équipage.

Je devrais parler de la couleur phosphorescente de la mer, produite par un banc de sardines que le vapeur coupa durant toute la nuit ; mais, quittant tout-à-fait l'Espagne, je suis abandonné par mon sujet.

Deux jours après une heureuse traversée dans le golfe de Gascogne entre le ciel et l'eau, cinq jours après ma sortie de Lisbonne, quarante-deux jours après ma sortie de Salamanque, je vis les rives basses de l'ouest de la France. Le soir, à quatre heures, nous entrions dans la Loire, qui, avant de fertiliser les campagnes de la France occidentale, arrose, impétueuse en hiver, nonchalante en été, les prairies plantureuses du pays où je suis né.

ÉPILOGUE

ÉPILOGUE

Après des années, après bien des voyages et des orages, le facteur me remit un jour, dans un hameau des bords de la Loire, une lettre qui renfermait une brindille de pin desséché et ces lignes :

« Si tu n'as pas oublié notre traité conclu en certain
« voyage de galère et renouvelé à ton ami mourant, ce
« rameau reçu de toi dans les neiges du Guadarrama
« te rappelle un serment et trace ton devoir. »

« DOMINIQUE. »

Plus bas son adresse.

Je bouclai ma malle. Par les voies les plus rapides, j'allai au rendez-vous, frontière méridionale de France. J'étais dans une perplexité où se heurtaient deux suppositions également acceptables : se rappelait-il à moi par un cri d'alarme ou par une invitation à son bonheur partagé ? Lorsque l'esprit humain est livré au doute, il descend toujours la pente des conjectures sombres. Le mal est si multiplié sur la terre! J'étais agité, inquiet, mon état moral était tout entier dans ce vers d'Athalie :

> Je crains *tout*, cher Abner, et n'ai point d'autre crainte.

Je débarque un matin dans la ville de X... Ensuite, à pied, par la grande route, je compte les kilomètres. Au huitième, je m'informe à un petit homme, pâle, maigre, laid, mais gracieux; une envie de vin sur la joue droite ne remédiait pas à sa laideur.

— Vous y êtes, me répond-il d'une voix douce comme celle d'une femme; c'est le portail en face, montez le chemin.

Le chemin serpentait autour d'une intumescence de terrain qui portait en diadème une maison longue et carrée, avec dépendances.

J'étais très intrigué. Qu'est-il venu brocanter sur ce coteau? Serait-il fermier, maintenant? Ses incarnations valent les miennes, les deux fous d'Espagne font la paire. Il compte sur moi pour payer son fermage de la Saint-Jean, ou pour dégager un lot de moutons en souffrance Ah! il n'a pas encore lâché la queue du diable!

J'entre à la cuisine; un gigot à la broche tournait devant un grand feu, la cuisinière l'arrosait, deux servantes empressées paraissaient et disparaissaient par un corridor, portant et rapportant des plats et des assiettes. C'était le remuement d'une fête culinaire.

— Nul doute, il est fermier, et fermier prodigue! Il

n'en a pas pour longtemps. Pour sûr, il donne à dîner avec le produit de la vente d'une vache, et tant que la vache durera il y aura des bruits joyeux à la ferme. En tous cas, ceci vaut mieux que la cuisine du parador de la Puerta del Rio.

Et tout haut :

— Nopces et festins ici, à ce que je vois, bonjour, Mesdemoiselles! M. Forfer, s'il vous plaît?

— Il a compagnie, Monsieur; on est à table. Que veut Monsieur?

— C'est lui qui donne à dîner?

— Monsieur veut plaisanter!

— Vous allez suivre mes instructions.

Je prends une assiette, je place dans le milieu la branche de pin auteur de mon voyage, et à l'une des filles :

— Portez cela à Monsieur.

Elle se met à rire niaisement.

— Allez donc!

— Je pense que Monsieur est Monsieur que Monsieur attend.

— Vous avez deviné. Posez l'assiette devant lui, sans rien dire. Vous avez compris?

— Oui Monsieur.

Elle enfile le couloir, je continue mes réflexions :

— Fichtre! La valetaille dressée à parler à la troisième personne! une maison montée! la fortune et son train!

La porte est poussée avec fracas, et Forfer s'élance : Exclamations émues de part et d'autre! Entrelacements de nos corps comme dans une lutte à mains plates !

Il m'entraîne à la salle à manger, vaste pièce d'un grand style, pavée en mosaïque de marbre, lambrissée en chêne. Une dizaine de convives se lèvent.

— Monsieur Saint-Egrève, dit Dominique, mon ami des mauvais jours passés.

Je cours embrasser sa femme, mère d'un garçon déjà grand, et l'on se remet à table. Forfer, fou de bonheur, ne tarissait pas de joyeusetés, la plupart énigmatiques pour ses convives ; de temps en temps, il commandait à un domestique « en livrée » :

— Servez !

Et se penchant de mon côté, avec un clignement d'yeux :

— Boumm !

Quelques mois après sa guérison, il avait cédé son débit et était retourné à Madrid. Modeste violoniste engagé à l'orchestre d'un théâtre, il avait nourri sa petite famille jusqu'à ce que la mort d'un sien oncle qui l'avait fait son héritier l'eût placé, sans transition, à la tête de vingt mille livres de rente. L'ancien cabaretier de Salamanque me recevait dans une magnifique propriété à lui. De la terrasse de sa chartreuse on voyait la Méditerranée.

Je fus son hôte quatre mois, temps marqué d'une croix blanche, heureux par l'amitié, heureux par le milieu dans lequel elle s'épanouissait. Ce coin des Pyrénées est une Arcadie ; on n'en voudrait jamais sortir, ni pour une autre patrie, ni par la mort. La mort y paraît plus impitoyable qu'ailleurs, parce que la jouissance de vivre s'y exerce dans sa plénitude. L'imagination, satisfaite, ne cherche pas à se créer des mondes plus beaux : maisons éclatantes de blancheur émergeant des massifs; jardins clos de rosiers en fleurs, routes bordées de platanes et de figuiers; champs de maïs, bosquets, bruyères, ravins pleins d'ombre renfermant des sources froides auxquelles, à toute heure du jour, les Rebeccas des métairies vont remplir leurs cruches au large ventre; climat sans rival, tiède en hiver, rafraîchi en été par la brise de mer chargée des parfums salubres des forêts de pins voisines; atmosphère lumineuse, splendeur du ciel, terre bénie : *Hic benedicamus Domino!* Ici bénissons le Seigneur!

Je vous entends bien, mes amis. Vous me demandez s'il y a un enseignement à tirer de mon voyage en Espagne. Je vous réponds par cette ancienne maxime, qu'on ne saurait trop redire : Quelle que soit votre infortune, ne vous pressez pas de vous faire sauter la cervelle, car il y a remède à tout...., excepté au Déshonneur mérité qui est la Mort morale, et au sépulcre où s'éteint pour toujours notre être matériel.

TABLE DES CHAPITRES

www.ingramcontent.com/pod-product-compliance
Ingram Content Group UK Ltd.
Pitfield, Milton Keynes, MK11 3LW, UK
UKHW020156250726
13967UKWH00003B/1100